安全简史

从个体到共生

汤凯 著

清华大学出版社

北京

图书在版编目（CIP）数据

安全简史：从个体到共生 / 汤凯著. — 北京：清华大学出版社，2020.8（2023.7 重印）
ISBN 978-7-302-55634-3

Ⅰ.①安… Ⅱ.①汤… Ⅲ.①安全生产—简史 Ⅳ.①X93

中国版本图书馆CIP数据核字（2020）第090988号

责任编辑：朱红莲
封面设计：胡日东
责任校对：刘玉霞
责任印制：丛怀宇

出版发行：清华大学出版社
　　　　　网　　址：http://www.tup.com.cn, http://www.wqbook.com
　　　　　地　　址：北京清华大学学研大厦A座　　邮　　编：100084
　　　　　社 总 机：010-83470000　　　　　　邮　　购：010-62786544
　　　　　投稿与读者服务：010-62776969, c-service@tup.tsinghua.edu cn
　　　　　质量反馈：010-62772015, zhiliang@tup.tsinghua.edu.cn
印 装 者：三河市人民印务有限公司
经　　销：全国新华书店
开　　本：170mm×240mm　　印　　张：17.75　　字　　数：251千字
版　　次：2020年8月第1版　　　　　　　　印　　次：2023年7月第10次印刷
定　　价：54.00元

产品编号：087894-01

谨以本书献给这个时代的英雄和知识创造者们！

——————————————————————————————— 前　言

　　"这是最好的时代，也是最坏的时代 ①……"在这个时代，大多数企业在安全生产管理上还是没有多少可喜的变化，依然稳稳地困在"不论英雄论成败"的传统阶段。安全生产管理，还是离不开运气。虽然安全事故数量与事故死亡人数逐年下降，但后果严重的误操作、骇人听闻的爆炸声，依然频频出现。

　　问题到底在哪里？原因是什么？怎么办？未来又会如何变化？路径是怎样的？什么因素能推动这种变化？……这些问题难以回答。

　　不过，这个时代也有令人可喜的变化，以人工智能、区块链、5G、物联网、大数据、云计算、机器人为代表的新一代智能技术纷纷开始落地各行各业，智能技术替代人工进行感知、识别、评判、记录、决策、反馈，在许多应用场景中甚至远远优于人工的表现。企业管理者们逐渐意识到，智能技术或将成为安全生产管理的抓手，安全生产管理有望实现前所未有的突破。

　　然而，令人沮丧的是，各大企业的管理者们迅速陷入无数个具体的问题当中：智能技术该如何在安全生产管理中使用？该使用哪些智能技术？有哪些应用场景？如何定义安全生产管理智能化？如何管理违章？机器视觉的算法能实现哪些功能？已经安装的摄像头是否能用？该采集哪些数据？这些数据该如何处理、如何反馈、如何改进管理？数据安全如何保障？传

————————————————

① 源自《双城记》，英国作家查尔斯·狄更斯著，1859 年首次出版。

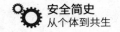

统的安全生产管理存在什么缺陷？传统管理与智能技术的结合会不会适得其反呢？无处不在的智能监控会不会令作业人员反而产生恐惧？传统安全生产管理与安全智能化之间还差一点什么？企业的智能化新基建该如何进行？市场上有没有可靠的解决方案提供商？有标杆项目可以参考吗？智能技术落地后会如何影响现在的业务流程呢？数据孤岛问题能一劳永逸地解决吗？以前耗费重金采购的企业管理解决方案（systems applications and products in data processing，SAP）、企业资产管理系统（enterprise asset management，EAM）、制造执行系统（manufacturing execution system association，MES）和已经开发的各种软件还能用吗？这些软件与新的安全智能化系统之间是什么关系？使用了安全智能化系统之后，是否需要再开发新的智能系统来管理诸如生产计划、仓储等其他领域？会不会出现多个智能系统重新造成新的数据孤岛问题？智能系统的成本规模有多大？难道一定要走安全智能化道路吗？安全智能化将是怎样的历程？安全生产管理的发展又将必然经历哪些历史阶段？现在处于哪个阶段呢？我们企业该如何应对？

本书将梳理这些问题，引起进一步的思考与交流。

全书分为三篇：个体时代、协同时代、共生时代，描述了中国的安全生产管理可能面临的时代变迁与其内在逻辑。

书的开篇是一系列的心理学实验，读者在阅读过程中将体验到猝不及防的频繁出错，以此了解我们大脑的运作机制，并由此梳理出历史发展的脉络与基本驱动力。

在第二篇中，以核电站为例，详细讨论了协同时代企业的基本特点、安全信仰与五大核心能力。读者可以将这些内容当作教材，在企业安全生产管理升级中进行实践，以快速突破瓶颈，切实提升安全绩效。

第三篇论述时代大势与内生需求，详细回答了关于安全智能化的一系列问题，并梳理出安全智能化发展的 3 个阶段。根据这部分的描述，读者将建立安全智能化的基本认知，从而能够以更加自信的姿态迎接新时代的到来。

三篇的相继展现有其内在的历史逻辑。

在历史的道路上，爆发过两次最重要的革命：第一次发生在 7 万年前，它让智人崛起；第二次发生在现在，它让人工智能崛起。

这两次革命之所以比农业革命、工业革命、信息革命更加重要，是因为历史上只有这两次革命创造了新的知识化智能物种，并分别产生了离线知识世界和在线知识世界，所以本书将这两次革命称为"第一次知识革命"和"第二次知识革命"。

在第一次知识革命前，智人作为一种普通的生物在地球上惨淡地生存了数百万年，没有获得大规模协作的能力，严密的大规模组织也没有建立，个体独自面对来自物理世界的风险。如果将这一时期也纳入历史，这一历史可被称为"个体时代"。在个体时代，当智人被物理世界的风险侵犯时，没有组织力量给予后援。

企业安全管理发展的内在逻辑与历史大逻辑一致。在安全知识世界得以让组织保护个体之前，企业的安全生产管理只能说是处在个体时代。

在个体时代，安全知识世界尚未成形，作业人员被暴露在复杂的物理世界环境当中，其无意识的出错不但得不到组织有力的防护，出错的原因还正好与组织环境的挤压相关。由于组织能提供的后援有限，知识进化缓慢导致的使用门槛过高，作业人员遇到疑问时多以个人临场决策为主，生产管理领导也面临类似情况。因缺乏后援、缺乏工具，人们常常陷入能力不足的知识型任务之中，承担不可承受之风险，这些风险不仅来自作业本身，还有可能来自"事后审判"。在这一阶段，生产作业处于监管模式之下，用"生命"进行付出的个体承担了几乎所有的安全生产责任。因这一时期与智人崛起之前惨淡的个体时代相似，故称为"个体时代"。个体往往具有悲壮的孤胆英雄色彩，也可以称为"英雄时代"。

第一次知识革命爆发后，智人被知识化，才终于构建起大规模组织，获得了组织保护。从那个时候开始，人类个体、人类组织、知识三者开始协同，共同抵御来自物理世界的风险，个体时代宣告结束，历史进入协同时代。

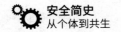
在协同时代，组织成为个体的后援，个体得到组织的保护。

类似地，企业安全生产管理也会在安全知识世界进化到足够强大时，将所有安全生产相关人员知识化，从而跨入协同时代。

在协同时代，安全知识世界已经成熟，作业人员协同安全知识高效管理物理世界的风险，个体"翻身"做主成为安全生产的管理者，得以支撑起组织的持续改进和知识的生长与进化。组织作为个体的后援，承担了几乎全部的安全责任，并通过各种知识类工具的使用，帮助脆弱的个体减少错误。知识在组织搭建的信息系统和流程上生长、进化，个体通过协同这些知识进行决策和知识创造，组织因此变成了以信息知识化、文件知识化、行为知识化为主要特征的有机生命体，即活性组织。活性组织的健康状况，则可以由几个简单客观的指标一目了然地展现出来。在这一阶段，生产作业处于互助模式之下，作业人员个体、组织、知识三者互相协同，故称为"协同时代"。

第二次知识革命爆发后，人工智能成为第二个知识化智能物种，一个连人类都越来越难以理解的智能物种。当人工智能物种参与人类个体、组织与知识的协同关系当中，创造和使用知识的门槛就被大大降低，而效率也将大大提升，甚至可以将时延降到毫秒级别，在线知识世界出现。在线知识世界使人类组织逐渐泛化消失，使人类个体、人工智能与知识建立起共生生态，这三者的共生关系一旦确立，历史就迎来了转折点，人类个体、人类组织与知识相互协同的协同时代，演变成人类个体、人工智能与知识相依共生的共生时代。

到了共生时代的成熟期，行业知识世界在线赋能，作业人员与人工智能相互依靠共同管理物理世界的风险，人工智能代替作业人员执行高风险任务，或作为智能工具帮助作业人员避免出错。在人工智能的帮助下，作业人员个体可以不必属于任何组织。组织的边界变得模糊，组织内的主体也不再只有人类个体，还有人工智能，组织因此逐渐泛化成为在线知识平台。在统一的平台上，知识的创造速度空前加快，知识的使用门槛不复存在，知识的生长与进化指数级上升。当安全知识极度发达之时，人类个体、人工智能与安全知识建立起共生生态，成长为全新的超级生命体，人类个体得以游戏其中，不安全行为导致的人因事故销声匿迹。在这一阶段，生产作业处于智能模式之下，作业人员个体、人工智能、知识三者相依共生，故称为"共生时代"。

当时代变迁的内在逻辑与基本驱动力被梳理清晰，企业就应该知道如何稳步迈向未来。

要么踏踏实实打造活性组织，建立安全信仰，实施持续改进，逐步进入协同时代；要么老老实实引进专家团队，申请经费立项，依靠人工智能，一步跨入共生时代。

逆水行舟，不进则退。在疫情洗牌全球格局以及人工智能产业落地的大历史背景下，企业管理者必然肩负着比以往更加重大的使命，没有任何原地踏步的退路可选。

从个体时代升级迈入协同时代，核电提供了理想的标杆。

事实上，核电对于安全的极度重视，一开始也是茫然地处于个体时代，在经历了痛苦的组织知识化蜕变过程之后，才终于成功进入协同时代。这一过程之所以被称为"痛苦的"，是因为蜕变意味着涅槃重生——改变集体的旧成见，塑造集体的新成见，那是新旧成见之间的交锋，是以少胜多的战役。许多传统企业不敢轻言向协同时代进军，或许是因为他们担心没有足够的勇气支撑到最后。

完成蜕变的核电，成为了安全的典范。不但拥有统一的卓越安全文化信仰，还拥有持续改进的绩效管理流程，以及掌握五大核心能力的经验反馈队伍，这些正是与处在个体时代的传统企业截然不同的鲜明特征。虽然这些特征的确立并不需要耗费太多资金，但巨大的心力与时间的消耗是在所难免的。

现在有了本书，如果将它当作人手一册的教材，若好好使用应该可以更快地战胜旧成见的卫道士，大大地节省心力、节约时间，快步迈入协同时代。

协同时代最美妙的地方在于，它开始承认人类个体犯错不可避免，转而在组织与知识协同上做文章，人类个体不再成为事故的主角。这种情况下，个体犯错虽然是允许发生的，但事故很难发生，因为在持续改进中，组织越来越强大，足以确保安全。

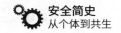
当然，协同时代并非必要的环节，我们还可以选择一步跨入共生时代。

不知不觉之中，人工智能早已深入到人们生活与工作的方方面面，在知识世界里开始它的征程——而面对人工智能带来的益处，人们不仅没有表现出丝毫担忧，反而紧紧地将它拥抱和依赖起来，并视之为新的信仰。

这就为实施安全智能化以跨入共生时代打下了坚实的"群众基础"。

我发现，如果人们一定要使用某些知识，他们更愿意使用承载了这些知识的工具，因为这样更加省力，还更加安全。所以安全智能化其实就是提供智能的在线工具，帮助企业更加省力地获得持续改进的机会，以大幅提升安全水平和生产绩效。

如果将安全智能化看作是一个生命，那么这个生命将历经 3 个阶段才能逐渐成长为成熟的共生时代。

第一个阶段：智能化新基建时期。这一时期主要是完成新基建、数字化工作，是安全智能化的孕育期。

第二个阶段：企业知识世界时期。这一时期主要是实现企业知识创造的算法，是安全智能化的成长期。

第三个阶段：行业知识世界时期。这一时期主要是打通行业知识共享的机制，是安全智能化的成熟期。

随着安全智能化的推进，作业人员将从中获得彻底的利益，因为他们的工作将迎来新的起点——游戏化体验。游戏化带来的不仅仅是作业人员的安全与快乐，还将全面改变这个世界的商业文明，让所有局部的效率和整体效率都达到最优。这将是史无前例的重要变化，你甚至可以从网约车和外卖行业的兴起中看到它的雏形。

面对这些正在发生的巨变，企业的决策者们和安全管理者们当下最重要的事情便是适应它，而不是被它抛弃。

由于理论与知识水平有限，特地寻求了多位学者和专家的支持与帮助。在成书之前向我的导师申世飞教授请教了书的定位，欧依安盾 CEO 吴巍在系统 3 的发现以及部分文字修改上提供了支持，罗小华、蒋重文、蔡畅奇和唐兴兴在智能技术上给予了帮助，曾一鑫和方杏科等在安全技术研究上提供了意见。还有其他很多老师、好友和同仁也给予了必要的帮助，在此不再一一列出。

本书可以供生产企业的决策班子成员、EHS 经理，以及从事安全生产研究或管理的人们参考。然而，由于我的认知局限性以及行业的多样性和技术的复杂性，本书没有面面俱到，也难以深入细节，不免存在错误、偏颇、浅薄之处，诚请各位读者不吝批评、指正，我将虚心接受各位反馈的意见。感谢！

值此时代更替之际，本书仅为抛砖引玉，望同仁们一起思考、交流、努力，推动进步！

汤凯

2020 年 4 月

Relation

推荐序

    安全既是一个古老的话题，又是一门新兴的学问，不同时期、不同主体有着不同的理解和不同的追求。

    数千年前的《易经》阐述了"安"与"危"的关系："是故君子安而不忘危，存而不忘亡，治而不忘乱，是以身安而国家可保也。"《尚书》阐述了"备"对"患"的作用："思则有备，有备而无患也。"《礼记·中庸》也有类似的提法："凡事豫则立，不豫则废。"《孟子》则提出："莫非命也，顺受其正，是故知命者不立乎岩墙之下。"中国古人将安全理解为一种状态，即无危无患则为安。

    到了现代，安全的内涵逐渐延展，形成学术概念，产生了多个学术分支，并不断涌现出新的研究领域。

    在新产生的学术分支中，"人的安全"体现了以人为本、人文关怀的精神。1994 年联合国开发计划署在《人类发展报告》中指出："人的安全有两大方面的内容——其一是免于诸如饥饿、疾病、压迫等长期性威胁的安全；其二是在家庭、工作或社区等日常生活中对突如其来的、伤害性的冲击的保护……人的安全是对人类生命与尊严的关怀。"

    "人的安全"这一概念被明确提出以来，受到了学术界和政策制定者的重视，但这一概念仍然过于宽泛，需要不断充实。就中国工业领域的具体实践而言，需要更加具体的针对作业人员这一庞大群体的学术研究与"安全关怀"，尤其是当前这一时期。

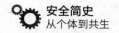
　　汤凯所著的《安全简史：从个体到共生》，是基于其多年的工作经验与跨行业的研究，对作业人员在生产过程中的安全管理问题做出的思考与讨论，该书以知识世界的产生和发展为逻辑主线，视角独特，有所创新，希望能为业界带来启发。

　　随着时代的变迁与新技术的涌现，关于"人的安全"的研究也必然迎来更多的创新与发展。唯一不变的是，对人的安全关怀将越来越入人心，越来越受重视。

清华大学教授 申世飞

2020 年 4 月

一、个体时代

历史虽已行至工业能量充斥于环境之际，人类生理却停留在允许犯错的石器时代记忆当中，犯错之时不自知本属平常，无奈能量剧增常常给人致命一击。

知识的进化本可弥补生理的不足，但中国工业安全生产史尚短，安全知识世界尚不完善，组织知识化能力依然不足，人员教育水平欠佳，技术条件也未成熟，致使英雄式作业成为常态，安全生产被迫停留在事故频发、当事人受罚的个体时代。

看不见的大猩猩

我们作为人类，大概是欣赏自己的，认为自己是达尔文进化论的完美之作，但这或是一厢情愿的想法。

人类尚未崛起的数百万年间，那时的智人虽早已进化成人类现在的样子，在生物性质上没有多少不同，但生活并不如意，因为他们仅仅位列食物链中游，经常只能吃些残羹冷炙，勉强度日。

这是因为人类从生物学意义上来说，问题多多。

为了直立行走，早期的智人臀部变窄，产道也随之变窄。可是，婴儿的头却进化得越来越大，导致分娩的死亡风险急剧增加。于是，让婴儿早产便成了自然的选择，早产儿的头部比较小，也很柔软，这就更能帮助母亲分娩时渡过难关。但问题也随之而来，早产儿生下来之后的好几年时间内都完全无法自理生活，更别说躲避来自自然界的危险。这让婴儿成了一个大负担。

人类引以为傲的大脑对身体来说其实也是个负担。虽然大脑只占了身体总重量的 2% ～ 3%，但是，它消耗的能量却十分惊人，在身体没有活动时，大脑可以消耗掉 25% 或更多的能量。"一日三餐"的食物从哪里来呢？只能与其他动物争夺食物，这种争夺行为本身就加大了生存的风险。不仅如此，如此耗能的大脑，结构还非常脆弱，只得用巨大的头骨把它装起来。这就形成了一个很不利于奔跑、攀爬的身体构造：又大又重的脑袋顶在脖子上，极不方便。

除此之外，人类的大脑在思维上也有非常多的问题，尤其对于今天的世界来说，这些问题的后果更加严重，这是因为数百万年间缓慢发生的生物进化，没预料到这几百年间会突然发生完全改变人类生存状态与社会面貌的工业革命。工业革命带来外界能量密度的陡然提升，让生物进化完全跟不上节奏，由此引发出令人头疼的安全生产问题。

接下来我们就从大脑的出错开始了解我们自己吧。

人作为独立个体时，是有多么容易出错呢？

你也许不相信，普通人每天出错大约有 100 次之多。

在《看不见的大猩猩》（The Invisible Gorills）一书中，克里斯托弗·查布利斯（Christopher Chabris）和丹尼尔·西蒙斯（Daniel Simons）两位作者设计了一个戏剧化的实验。他们拍摄了一个短视频，视频中有 6 个人，其中 3 个人穿黑色衣服，3 个人穿白色衣服，黑衣球队三人组相互传球，白衣球队三人组也相互传球。观看短片的人的任务是数出白衣球队的传球次数，同时要忽略黑衣球队的传球。

在这段 30 秒钟短视频的中间阶段，有一个穿着黑色大猩猩服装的人从屏幕右边突然出现，穿过球场走到屏幕中间，捶了捶胸，然后向屏幕左边走出球场，从屏幕上消失。从出现到消失，"大猩猩"一共出场 9 秒。

据该书两位作者的描述，上万人观看了该视频，其中大约有一半人在数球的任务中没有看到"大猩猩"！

克里斯托弗·查布利斯和丹尼尔·西蒙斯的实验结果表明，有一半人"出错"得离谱。

如果这个实验考虑各个方面的因素，且可以在实验条件类似的情况下重复结果，那么应该可以得到"人是容易出错的"这一结论。为此，我谨慎地重新设计了实验。

在成为一名职业研究人员之前，我在核电生产运行一线工作了 14 年，并担任"黄金人"部门的核心管理岗位（所谓"黄金人"，其实就是国家核安全局颁发执照的核反应堆操纵人员。核电厂为了确保安全稳定运行，培养操纵

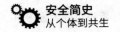
人员时，花了与之身体重量相当的黄金等值的钞票，故将操纵人员称为"黄金人"）。正所谓核无小事，"黄金人"出错，代价可能是钻石。作为"黄金人"的上级领导，我当时的职责之一就是培养"黄金人"防错的能力，并构建防错系统。这一经历持续了许多年，让我积累了足够的实战经验（部分心得写在了中国核电卓越文化系列丛书《重新定义安全》中），为之后的理论研究提供了基础。为了扩大研究领域，深入接触各个行业，我从核电行业离职，创办欧依安盾安全科技有限公司，并返回清华大学攻读安全工程博士学位，接受严密的学术训练，开展专业研究。研究的第一课——担任人因安全讲师。

讲师是开展实验的最佳职业之一，因为不但可以在课堂上开展实验工作，还不需要向受试者付出任何费用。不但如此，受试者从中获得了体验式教学，无论是课堂愉悦程度还是最终学习效果，都比没有实验的课堂更好。

我将"看不见的大猩猩"视频在课堂上给学员播放，学员绝大部分为企业管理者和生产骨干，也有少数外国官员，大部分为成年男性，成年女性占比约10%，没有未成年人，总共22场培训被记录，1721人参与了该项实验。在播放该视频前，我要求学员们对白衣球队与黑衣球队的传球总次数都要集中注意力仔细数清楚；并且，在任务开始前，我郑重地提醒，最终能答对的人数会很少，希望大家务必认真。

实验统计结果显示，尽管提醒大家会有大概率出错，1721名受试者当中，只有39名数对了传球次数，仅占2.3%，97.7%的人出错！1721名受试者当中，有533名受试者没看到"大猩猩"，占了31%。与克里斯托弗·查布利斯和丹尼尔·西蒙斯的实验结果相似。

同一视频，不同初始条件，输出结果基本一致——受试者的出错率都很高。

当然，视频可能存在某些不明的特定诱导因素，为谨慎起见，需要排除可能存在的这一因素。

我与欧依安盾团队的同事一起拍摄了另一个传球视频。同样，安排了6个人，其中3个人穿黑色衣服，3个人穿白色衣服，黑衣球队三人组相互传球，白衣球队三人组也相互传球。这个视频长38秒，在第17秒时，上半身穿黑色羽绒服的第7人开始从屏幕右边出现，并穿越球场走到屏幕中间，做一个大力水手的动作后，向屏幕左边走出球场，于第23秒从屏幕上消失。从出现到消失，"大力水手"一共出场6秒。在38秒钟的视频里，黑白两队一共传球44次。

与"看不见的大猩猩"视频中以电梯墙作为背景不同的是，欧依安盾团队拍摄的"看不见的大力水手"视频是以整体灰色的墙面作为背景。

我将这个视频推向31场不同的培训课堂，任务不变，仍然要求数出总传球次数，有2438人参加了实验。

实验统计结果显示，尽管提醒大家会有大概率出错，2438名受试者中，只有57人数对了传球次数，仅占2.3%，97.7%的人出错！2438名受试者中，有674人没看到"大力水手"，占了28%。与克里斯托弗·查布利斯和丹尼尔·西蒙斯的实验结果相似。

两个不同的视频，53次实验，总是有受试者能给出正确答案，这说明并不是视频本身的问题。

看来，真真切切是受试者出错了。

在这两个实验中，97.7%的受试者数错传球次数，约30%的受试者看不见移动的庞然大物（大猩猩、大力水手），这是因为人的注意力是有限的资源，普通人无法胜任过量信息的处理。

就算给出了上面的实验结果，也许你还是不相信你也是一个容易出错的人吧？

接下来，请你也来参加实验，体验出错而不产生后果的快感。

02

单项问题出错

作为非专业人士，在日常生活或工作中，人们永远都不知道下一秒自己会不会出错，所以人们难以做好随时都保持防错的谨慎态度。

而现在就不同了，接下来你就要亲自参与几个小实验，测试你会不会出错。当你看到这些文字时，我猜测你已经变得相当谨慎了。所以，为了减少与日常情况不同的心理状态对实验的不利影响，请你尽力按照我的要求去做。

接下来的每一次实验，都需要你在看完之后立即说出答案。记住，是立即回答！

图 1.1 中有两幅圆饼组合，中心各有一个圆，哪一个中心圆更大呢？请在心中大声说出来。

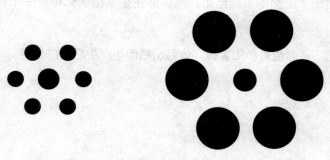

图 1.1 图形实验（圆饼题）幻灯片

你的第一答案是什么？

一样大？左边的更大？还是右边的更大？

我想你也一定有了答案。

从 2017 年 6 月 27 日开始，到我写这段文字的时刻为止，参与过这个实验的受试者总数为 4159 人，但给出了"正确答案"的人数不超过 10 名。大概 90% 的答案是两个圆一样大，约 10% 的答案是左边的圆更大。

事实上，这一组图的原型是艾宾浩斯错觉（Ebbinghaus illusion）图。

艾宾浩斯错觉是一种对实际大小知觉上的错视。在最著名的错觉图中（见图 1.2），两个完全相同大小的圆放置在一张图上，其中一个被较大的圆围绕，另一个被较小的圆围绕；被大圆围绕的圆看起来会比被小圆围绕的圆要小。

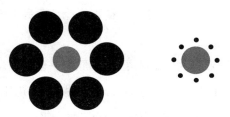

图 1.2　艾宾浩斯错觉图（来自百度词条）

在课堂实验中，当我将图 1.1 中周围的"干扰圆"都去掉，并将两个圆摆放到一起的时候，学员们大都表现出惊讶的表情和感叹。居然是右边的圆更大！

我们来看你答对了没有。我们把周围的"干扰圆"都去掉，并将两个目标圆放置在一起，如图 1.3 所示。

显然，右边的圆要大一些！

你答对了吗？

图 1.3　图形实验（圆饼题）答案幻灯片

有没有读者猜到右边的圆更大？是的，为了公平起见，我将右边的圆画得稍微大了一号。无论受试者（包括你）对艾宾浩斯错觉有所了解，或完全没

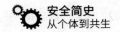

接触过，都不会产生较大的影响。

不过，猜了"右边的圆更大"这个答案的，未必就正确！

因为，只要你是猜的，这个行为本身就是错的。

唯一正确答案是"测量"！用工具测量！

所幸的是，在 4159 名受试者之中，有 4 名受试者第一时间提出来应进行测量，只接近千分之一！当然，严谨地说，课堂上应该还有其他受试者在心中默默地提出来过，只是没有被我知道而已。

面对单项问题进行判断时，直觉是不可靠的。

你的情况如何呢？错了一道题并不要紧，咱们再来做下面这道题，如图 1.4 所示，这还是一个单项问题。看看你能不能扳回一局。

1 瓶矿泉水和 1 个纸杯共 1.1 元，矿泉水比纸杯贵 1 元，问纸杯多少钱？

请立即作答。

纸杯题（权且称该题为"纸杯题"）的原型来自诺贝尔奖得主丹尼尔·卡尼曼的著作《思考，快与慢》。丹尼尔·卡尼曼在该书中提到："这道简单的难题之所以与众不同，是因为它能引出一个直觉性、吸引人但却错误的答案。"

1瓶矿泉水和1个纸杯共1.1元
矿泉水比纸杯贵1元
问纸杯多少钱？

图 1.4　纸杯题幻灯片

从 2018 年 12 月 31 日开始，截至 2019 年 8 月 24 日，共 1954 名受试者分成 23 次参加了这个课堂实验。受试者的第一答案最多的是"1 毛"（0.1 元），只有 2 名受试者第一时间答出了正确答案"5 分钱"，2 名受试者中还有一名受试者是因为提前就知道了答案。

准确地说，这个题目的正确率只有惊人的两千分之一！

简单验算就会知道，如果 1 个纸杯是 0.1 元，那么 1 瓶矿泉水就是 1.1 元，二者相加是 1.2 元，而不是 1.1 元。

除了"1毛"这个答案,排行第二的答案是"5毛",显然更不正确。

正确答案是1个纸杯0.05元,而1瓶矿泉水的价格是1.05元。

你答对了吗?

请注意,这道题虽然是计算题,答错的受试者并不是真的进行了"计算",而只是进行了直觉判断!是的,用做判断题的方式做计算题,这居然是大部分人都会犯的错。

不出意外的话,到现在为止,你已经清楚地体验到了出错的滋味。

在移动互联时代,观看短视频是人们休闲放松的普遍方式。陈翔六点半(后更名为"六点半")有一个幽默的短视频,视频里讲述了一群大学新生入学时的感人故事:宿舍同学在一片轻松、和谐的氛围中进行自我介绍,其中一名同学说自己来自农村,学费还是卖了牛换来的。从此之后,全宿舍同学就开始帮助他,买日常用品、交班费……有一天,农村同学邀请同学们去他家玩。到达时,视频画风反转,因为农村同学家拥有一大片山和10万头牛——这才是真的"土豪"。不过,视频下的留言有一条是这么写的:

"10万头,1头1万,就是10万,可以买部车了!"

我本来以为这完全是故意为了搞笑而写的评论,但没想到拿这个问题问学员时,竟然有人不假思索:"10万元啊!"

不知你的第一答案是多少?

关于这样的认知反应测试,已经有人做过一些研究。比如,研究人员给40名普林斯顿大学的学生做过下面的两道题:

如果5台机器能在5分钟生产5个小零件,那么100台机器生产100个小零件需要多长时间?100分钟还是5分钟?

湖中有一片睡莲叶子,这片叶子以每天增长一倍的速度向外扩散。如果48天后莲叶就能覆盖整片湖面,那么覆盖湖面一半的面积需要多长时间?24天还是47天?

40名学生被分为2组,第1组的问卷采用清晰的字体,第2组的问卷采

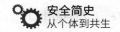
用浅灰色小字，字迹模糊。结果显示，第 1 组的错误率（至少错 1 道题）达到了 90%！尽管第 2 组因为不容易看清楚字迹而更加谨慎，错误率也达到了 35%（见《思考，快与慢》）。

可见，面对单项问题，无论是判断还是"计算"，出错几乎是在所难免的！就连高智商也并不意味不犯错。

你也许会问，虽然错误率高出想象，但毕竟看起来也没有造成什么大的影响，不过是一些小错误罢了，用得着这么正儿八经地"进行研究"吗？

可事实是，小错误也可能造成大灾难。甚至，大灾难几乎都是小失误引发的。

1972 年 12 月 29 日美国东方航空 401 号航班事故，造成 101 人死亡。

该航班机长罗伯特·诺夫特（Robert Loft）当年 55 岁，曾在军队担任飞行员，累计飞行时间 29 700 小时。副驾驶是阿尔伯特·约翰·斯托克斯坦（Albert John Stockstill）也有 5800 小时的飞行经验。第二副驾驶唐纳德·雷博（Donald Repo）也拥有 15 700 飞行小时数。

在飞机即将降落时，阿尔伯特按下了起落架按钮，罗伯特发现起落架锁定指示灯并未如预期亮起。事实上，如果起落架没有放下，经验丰富的机组人员也有办法着落，不过风险相当大，罗伯特不想冒这样的大风险。

当被塔台空管要求停在 2000 英尺（1 英尺 =0.3048 米）的空中待命时，3 名机组人员开始投入到故障指示灯的研究当中。虽然飞机完全处于自动驾驶状态，而这架飞机也拥有当时世界上最先进的自动驾驶系统，但飞机却并未老老实实地停留在 2000 英尺的高度，而是偷偷地开始下降，直到 900 英尺的高度之前，这一事实都没有人注意到。

迈阿密机场塔台空管员注意到了这一异常现象，不过，他并没在意。事实上，这位空管员之前因引导另一飞机降落而耗费了大量的精力。他认为这可能是个错误的位置信号而已。

此时，3 名机组人员仍然将注意力放在指示灯上。再过一会，当罗伯特机长发现飞机高度过低时，已经来不及了！

事后调查发现，飞机在 1750 英尺高度时，向机组人员发出了相当大的警报声，但机组人员太过关注起落架的故障灯问题，完全忽略了这一救命的警告——这警报声竟然与"看不见的大猩猩"一样，完全被忽视！

小小的失误而已，竟造成如此惨痛的事故。

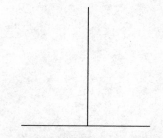

03

两 个 系 统

图 1.5　横竖线长短判断实验

请看图 1.5，图中有一条竖线和一条横线，你认为哪一条线更长？

坦白地说，你认为哪条线更长？

竖线如定海神针一般，屹立在那里，坚定、正直，给人一种顶天立地的感觉，大家自然会"高看"它一眼。

"竖线长！"我带过的所有课堂，几乎每次都是这个一边倒的答案。当然也不乏"一样长"的答案。但是，当我问道："咱摸着自己的良心问，以绝不欺骗自己的态度，你认为哪根线更长？"这时候，不再有不同的声音——所有的学员都"认为"竖线更长。

我也这么"认为"。

但事实恰恰相反——横线更长。如果不信可以测量一下。

现在问题来了：即使是知道了事实上竖线更短，但我们的"眼睛"依然"认为"竖线更长（不妨再看看图 1.5，你的眼睛依然会认为竖线更长）！

这说明什么呢？

说明人们对事实视而不见，给出了截然相反的判断！

感性告诉你，竖线更长，明摆着的嘛！

可理性告诉你，横线更长，这是事实！

这个实验说明，你不止拥有一个"脑袋"！你除了拥有一个理性脑，还有一个感性脑。

此言非虚。按照心理学家基斯·斯坦诺维奇（Keith Stanovich）和理查德·韦斯特（Richard West）提出的理论，我们的大脑拥有两个思维系统，被称为"系统 1"和"系统 2"。该理论已获得心理学界的广泛认可，甚至在经济学界大放异彩。基于该理论，诞生了颠覆传统经济学认知的前景理论，前景理论曾帮助丹尼尔·卡尼曼获得了 2002 年的诺贝尔经济学奖。

简单地说，系统 1 是感性的，系统 2 是理性的。

感性的系统 1 运行时是无意识的，它自主运行且快速，不怎么费脑力，没有感觉。系统 1 从不休息，持续运行——就算睡着了，系统 1 也照常运行。做梦时系统 1 的运行还能帮助完成学习的过程。一觉醒来发现冥思苦想、不得其解的难题豁然开朗、脉络清晰，那是在你睡着了之后，系统 1 自动完成的。虽然如此，你却控制不了系统 1，你不能在睡觉前对系统 1 说："请在我睡觉时求解哥德巴赫猜想。"你控制不了它。

上面这一段文字的描述中，我把"系统 1"和"你"剥离开了，其实这个"你"是你的"系统 2"。

系统 2 获取的信息基本来自系统 1。系统 2 的运行是受控制的，经常需要借助工具获取事实及进行推理，比如用标尺测量横线与竖线的长度，这相对来说比较耗费脑力和消耗时间。

我在核电厂上班的那些年，不加班或不应酬的晚上通常有一个固定节目：听书。不管是"罗辑思维"还是"樊登读书"，都能让我沉浸其中。边散步边

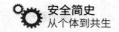
听书，会让我不知不觉地围着核电生活区走好多圈的路。但是这种一个人的思想之旅，常常被路过的汽车或者同事打断。系统1有相当强大的无意识注意力，会自主探查周围情况。系统2在系统1注意到的基础上，可能会被激发。每每遇到这些情况，我都会想办法尽快抽身。因为系统2听书的注意力一旦被分散，哪怕罗胖子或者樊登在我的耳朵边再努力，我的系统2也跟不上他们的节奏了。抽身之后，我都要事后将播放内容回退到之前的时刻。有时候，如果系统2过于沉浸到罗胖子或樊登的世界里，它也可能不会被激发。所以，在这里向朋友们道歉，希望当时与我碰了面却被我置之不理的同事能理解——我（的系统1）可能看到了你，但我（的系统2）并不知道看到了你。

系统2的运行必须依靠"有意识注意力"，如果注意力分散，系统2的运行就会中断；而当系统2高度集中注意力时，可能会无视系统1的"无意识注意力"，即当系统2处于"繁忙"的工作中时，系统2只接受系统1提供的受系统2关注的信息，系统1感知到的其他信息不会被系统2获取。

比如，白天的日常活动中，你（系统2）一般不会主动去感知你穿的鞋，因为系统1没有将这些正常信息传递给系统2，除非鞋子突然掉了或进了沙子之类的异常事件发生。

通常情况下，要让系统1向系统2传递消息，最好的方式是让系统1遇到挑战、感到异常，遇到它解决不了的问题。

所以，系统1遇到困难时，它会向系统2求助，系统2可能被系统1的异常信息激活。系统2被激活时，身体也会随之产生变化，最显著的是瞳孔变大，大脑也开始变得辛苦。

通过上面的讨论，我们发现系统1与系统2各自有着自己的优点和缺点。

系统1很勤快，它持续运行，系统1还很高效，在熟悉的情境中，系统1积累的经验通常可以帮助采取正确的决策，短期预测也基本是准确的，在遇到挑战（应急）时的反应也是快速且基本恰当的。如果在某一方面经过长期的练习后，在熟悉的正常情境下，系统1会表现出高水准的技能，几乎不出差错，而且每次都不会发生变化。

　　我一定是左手拿牙刷、右手挤牙膏，刷牙从门牙开始，穿袜子从左脚开始，而穿鞋必定是从右脚开始，穿大衣必须右手先进去，牙线必须放在左边的兜里，手机必须在右边的裤兜里，拿筷子时右手手指们每次都会分毫不差地保持同一姿势，写字时右手大拇指一定按在食指上，签字时写出来的名字好像有模板一样每次都相同……这些事情不管重复多少遍，都不会发生变化，它是自动进行的，好像不需要思考。如果刻意改变它，那会令我很难适应，因为系统 1 已经固化了这些行为模式——就像编好了的程序一般。

　　系统 1 的这种特点帮助人类躲避各种危险，繁衍多样文化，直至今天。

　　但是，系统 1 靠直觉运行，只会做线性预测，所以在长期预测上往往是错误的。纳西姆·塔勒布的《黑天鹅：如何应对不可预知的未来》一书中就明确指出，历史不是线性的，它是跳跃式发展的。线性思维不能帮助我们避免损失、获得收益，反而会让自己陷入黑天鹅事件，损失惨重。所以，系统 1 并不适合承担风险分析的职责。

　　基于这个特点，大部分人在股票上都是亏损的，因为系统 1 偏向于认为正在上涨的股票会一直涨，而正在下跌的股票会一直跌。你在购买股票时，有时候就是难以启动系统 2，因为毕竟大部分人的系统 2 也不懂股票市场。

　　在安全风险分析方面，如果没有一定的刺激来启动系统 2，大部分人仍然会采用系统 1 进行风险分析。这不但没有正面作用，反而是负面作用居多。因为他认为自己参与了风险分析，他就以为风险都被分析了，而系统 2 可能会产生的真正的顾虑却没有机会产生或被提出来。

　　由于难以改变的信念被固化在系统 1 中，系统 1 会存在大量的成见，这很容易引发系统性错误。

　　大部分人都相信"眼见为实"，而这个成见导致了取巧的表演被人们称为魔术。

　　从庙里求来的平安符或水晶像，被认为可以保平安，而恰恰它们会阻挡司机的视线，或者在发生撞车时成为气囊弹射出来的二次伤害物。

　　你上学时觉得长相丑陋的同学毕业后不会有前途，于是经常排斥和嘲弄他／她，毕业 10 周年相聚时，他／她却已经是大人物，让你大跌眼镜。

现在的一些商业大咖，以前是被人瞧不起而屡屡碰壁的穷少年，这让当初误判的投资人后悔不已。

祥林嫂认为只要捐了门槛，就能被主人家善待，来生也能转运。我们现在知道，这是祥林嫂的迷信思维。当祥林嫂花了毕生积蓄捐了门槛后，反而被主人家赶出了家门，穷困潦倒而死。

相比之下，系统 2 常常比较谨慎，它可以做出长期预测。如果肯耗费精力调查研究，系统 2 的长期预测结果还会有较高的准确率。

不过，系统 2 的运行耗时较长，且效率低下，所以系统 2 通常都很懒。

比如，学习就是一件令很多人痛苦不堪的差事。于是就有很多人提出设想，在大脑中植入芯片，让知识直接存储在大脑中。如果以后会出现这个技术，那么这个芯片应该是跟系统 1 一起运行的，并最终导致系统 2 的退化。

系统 2 的懒惰是有生理原因的，因为系统 2 的运行会导致一种生理现象——自我损耗（ego depletion）。

在一次研究活动中，丹尼尔·卡尼曼等人要求受试者一边看电影，一边要抑制系统 1 产生的情绪反应。随后，受试者在耐力测试中的表现就非常糟糕。系统 2 为了抑制看电影时的情绪反应，产生了自我损耗，因此在随后的耐力测试中，不太容易长时间忍受痛苦的情绪反应。

丹尼尔·卡尼曼和鲍迈斯特等心理学研究小组通过多个实验证明，系统 2 运行时会导致自我损耗。自我损耗发生时，人的血糖会下降。

为了保护自己，大脑尽量让系统 2 处于"待命"状态，系统 1 不得不在前端进行各种各样的决策，而在决策条件不可察觉地改变后，或在决策条件不确定的情况下，系统 1 中被提前编译好的成见可能变得不再适用，以至于反而出错危害自身安全。

系统 1 与系统 2，参与了我们所有的决策与行为，理解这些概念和它们的运行机制，不但对改善安全状况很重要，就算是对改变人生，那也是相当有帮助的。

到目前为止，我们已经了解到关于系统 1 与系统 2 的基本特点，总结如表 1.1 所示。

表 1.1　系统 1 与系统 2 对比

系统 1	系统 2
无意识运行	受控运行
快速	慢速
直觉	会思考
不费脑力	费脑力
没有感觉	让大脑感到辛苦
持续运行	偶尔运行
有成见，系统性错误	基于充分事实理性分析
不适合进行风险分析	适合进行风险分析
影响系统 2 的运行	可以监督系统 1 的决策

在不确定性状况下，系统 1 很可能会在系统 2 无监督的情况下做出判断与决策，而这些判断与决策很可能是感性、非理性的。

系统 1 基于成见与直觉判断快速处理了绝大部分问题，可想而知，如果系统 1 的成见或直觉有误，将带来行为的系统性偏差。而事实也是如此，从前文中"横竖线长短判断实验"即可窥斑见豹，几乎所有人都出错了。哪怕你现在知道竖线段更短，但依然"认为"它更长。

我们接下来看看这些偏差有多大。

◆ 中风(医学称脑卒中)致死的数量几乎是所有意外事故致死总数的 2 倍，但 80% 的受试者却判断意外事故致死的可能性更大。

◆ 人们认为龙卷风比哮喘更容易致死，尽管后者的致死率是前者的 20 倍。

◆ 人们认为被闪电击中致死的概率比食物中毒要小，不过，前者致死率却是后者的 52 倍。

◆ 得病致死是意外死亡的 18 倍，但两者却被认为概率相等。

◆ 意外死亡被认为是糖尿病致死率的 300 倍，但真正的比率却是 1∶4。

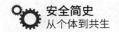
以上这些文字来自《思考，快与慢》，研究成果来自作者丹尼尔·卡尼曼的几位朋友。受试者对死亡原因的估测与事实有很大的差异，原因是受到了媒体报道的影响，这叫"可得性偏差 ①"。

有人提出"微死亡 ②"的概念，1 微死亡代表有一百万分之一的死亡概率。在《一念之差》一书中，作者给出调查结果：英国的火车行驶 12 070 千米会有 1 微死亡的概率，但比汽车行驶 1.6 千米要安全 30 倍。在火车出行、汽车驾驶和商业航空飞行中，最安全的交通工具不是火车，而是商业航空，每航次为 0.02 微死亡。三者之中，最危险的是汽车驾驶。相比于汽车驾驶，个人死于道路的平均风险更高。车辆较少的国家，反而风险更高；越繁忙的路段，致死率反而越低。这些事实与普通人脑海中的印象不完全相同。

对于这些现象，丹尼尔·卡尼曼解释道，"我们脑海中的世界并不是真实世界的准确反映；我们对事件发生频率的估测也会受到自己接触这些信息和频率与个人情感强烈程度等因素的影响。"

大脑思维的系统性偏差还普遍表现在作业人员的各种违章行为或事故原因上。比如，受禀赋效应 ③ 的影响，作业人员倾向于认为自己的运气或技能要高于因违章而死亡的人；受可得性偏差的影响，冒险违章的作业人员认为事故不会发生在自己身上，理由是自己还活得好好的，并且自己的违章从没有发生过事故，因此认为事故将来也不会发生在自己身上；受知识的诅咒 ④ 的影响，工作负责人与班组成员沟通风险信息时不自知地做了简化，导致关键的风险信息遗漏；同样还是受知识的诅咒的影响，现场作业人员向控制室汇报关键信

---

① 人们由于受记忆力或知识的局限，进行预测和决策时大多利用自己熟悉的或能够凭想象构造而得到的信息，导致赋予那些易见的、容易记起的信息过大的比重，但这只是应该被利用的信息的一部分，还有大量的其他的必须考虑的信息，他们对于正确评估同样有着重要的影响，但人们的直觉推断却忽略了这些因素，卡尼曼与特维斯基（1974 年）把上述现象称为可得性偏差。

② 由罗纳德·霍华德（Ronald Howard）提出，微死亡的英文名称为"micromort"。

③ 禀赋效应是指当个人一旦拥有某项物品，那么他对该物品价值的评价要比未拥有之前大大增加。

④ 知识的诅咒，是指我们一旦知道了某件事，就无法再站在不知道这件事的角度理解这件事，无法想象出这件事在未知者眼中的样子。

息时，对同音或谐音字不加以诠释，导致关键信息被误解；受启发法①的影响，作业人员在应对并不熟悉的陌生情况时，简单地采用已有经验应对；受所见即为事实的影响，作业人员在没有全面掌握事实的情况下，匆忙做出风险判定，导致事故发生……

除了系统1造成的非理性系统性偏差外，作业人员还受到生理极限、情绪等各种因素的影响，这就是"人是容易出错的，即使是再优秀的人也会出错"这一道理的自身原因。

不过，无论如何，系统1与系统2的相互独立又彼此配合的运作方式，只是短暂地于工业1.0到3.0时代在组织的安全生产管理上遭遇了困难，但从长远来看，两个系统的这种配合运行方式令智人在过去的7万年间得以延续并不断壮大。

但近期，我们仍处于工业时代，这一问题尚不能置之不理。

---

① 心理学上"启发法"是指用于解释人们如何进行决策、调整和解决问题的简单有效的概测规则，通常用以处理复合的问题和不完全的信息。这个规则在大部分情形下有效，但是在特定的情形下可能导致系统性的认知偏差。

双项选择出错

2019 年底在给中核工程经验反馈工程师做根本原因分析培训的课堂上（50 人参加），以及在随后的新兴铸管高级管理人员观察指导培训课堂上（60 人参加），都进行了同一个课堂想象实验。

实验中想象讲台的左边是 1 万元一摞的现金，50 或 60 摞，称为"选项 A"，若受试者选择选项 A，可以没有代价地取走一摞现金。讲台的右边是 10 万元一摞的现金，50 或 60 摞，称为"选项 B"，若受试者选择选项 B，则需要旋转一个俄罗斯轮盘，80% 的概率拿不到这笔钱，20% 的概率可以拿到一摞现金，也就是拿钱需要靠运气。我让受试者立即作答，也就是说整个过程中受试者没有相互讨论的机会。

你会选哪个选项呢？

课堂实验结果显示，中核工程课堂的 50 人中只有 2 人选择了选项 B，冒险一搏，其余 48 人选择了选项 A，落袋为安。新兴铸管课堂的 60 人中 0 人选择了选项 B，所有人都选了选项 A。

理性地分析就能知道，在选项 B 中哪怕只有 20% 的概率拿到 10 万元，计算结果也是选项 A 的收益的 2 倍。

理性的选择应该是选项 B！

但绝大多数受试者选择了选项 A。因为选项 A 是"确定的收益"，而选项

B 是"风险"。

可见，人们在面对确定的收益时，会选择规避风险。

再来看我给学员们做过另外一个实验，你不妨也来做一下。

假设现在有一种传染病很快就要在本地暴发，若不采取措施，预计有 600 人会死亡。

如果我们选用方案 A，能确定救活 200 人；

如果我们选用方案 B，有 1/3 的概率救 600 人，2/3 的概率一个也救不了。

你会选择哪个方案？

在课堂上，大部分受试者选了方案 A。在丹尼尔·卡尼曼的研究中，大部分受试者也选择了方案 A。

假设现在我们遇到了另一个事件：有另一种传染病很快就要在本地暴发，若不采取措施，预计有 600 人会死亡。

如果我们选用方案 A，确定 400 人会死掉；

如果我们选用方案 B，有 2/3 的概率死 600 人，但 1/3 的概率一个也不会死。

你会选择哪个方案？

在课堂上，大部分受试者选的是方案 B，小部分受试者选了方案 A。在丹尼尔·卡尼曼的研究中，也是大部分受试者选择了方案 B，小部分受试者选了方案 A。

再回过头来想一想，这两个事件的描述是不是同一个意思？

是的。

同样的意思，不同的描述，结果竟然会发生反转——选"救 200 人"这一方案的受试者数量比例从"大部分"变成了"小部分"。

这同样说明：当面对确定的收益时，人们表现为风险厌恶；当面对确定的损失时，人们则表现为风险寻求。

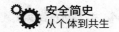
这道理被称为"前景理论"。

如果不容易懂，可以这么理解：当结果是正面的时候，人们更愿意选择确定的结果，拿到手再说。当结果是负面的时候，人们更愿意选择不确定性，赌一把。

如果能确定救活 200 人，那就选择这个方案，这是正面的结果，被大多数受试者优先选择。

如果确定要死亡 400 人，不如放弃这个方案，这是负面的结果，大多数受试者更愿意赌一把，还有 1/3 的概率救回 600 人。

这是前景理论四大核心原理中的框架效应。

前景理论是由丹尼尔·卡尼曼与阿莫斯共同创建的，它是关于人在不确定条件下如何决策的理论。前景理论由四大核心原理构成：框架效应（包括确定效应与反射效应）、损失厌恶、小数定律、参照点依赖。

人们在各种情况下不断地进行着决策，虽然有时知道自己在做决策，但有时并不知道自己做了决策。

有些决策是系统 1 做的，系统 2 察觉不到。比如，我以前的同事习惯了开快车，有一次到美国出差，在高速上超速 50% 驾驶，被警车追上了才意识到自己超速了。超速的决策是系统 1 做出的，并由右脚执行，全程没有系统 2 的参与，这就是通常所说的"不经大脑"的决策。

不经大脑的决策可能会引发各种不安全行为，比如开车时虽然困了但还是会决定坚持再开一段路程，习惯了不佩戴安全带作业所以这一次也依旧，喝了一瓶啤酒继续去作业现场开行吊，懒得再花一个小时去开一纸小小的作业许可证了，作业现场照明不足就用手机照明凑合一下，快下班了所以不再"浪费"时间校对数据……

有些决策是系统 2 做的，但基本是被系统 1 影响的结果。在决策过程中，人们所遵循的是一些特殊的心理过程以及自己有限的认知。比如在前文中的课堂实验中，学员们很多时候会依靠系统 1 的直觉进行判断或决策；有时候，人们会任由系统 1 的情绪进行破坏性决策，丧失自我控制能力；有时候，系统 2 面临知识型任务，完全超出认知水平，只好用简单熟悉的情景来替代这个复杂的局面，或者干脆投降认怂……但凡如此，决策就不理性。

下面先来理解一下丹尼尔·卡尼曼提出的"前景理论"中的"框架效应"原理与"损失厌恶"原理。丹尼尔·卡尼曼认为，人们进行决策实际上是对"前景"（即各种风险决策结果）的选择。

前景理论原理之一：框架效应。

丹尼尔·卡尼曼对框架效应的字面定义是：由无关紧要的措辞变化引起的巨大偏好变化。你刚见过的"传染病预防"测试题就是一个很好的例子，同一事件，措辞稍微变化，引起人们决策的反转。你现在用系统2看待这个问题，会觉得毫无道理，但现实就是如此。

再来看一则笑话。一个吝啬鬼掉到了河里，路过的好心人要伸手把他拉上岸，于是对吝啬鬼说："你把手给我，我拉你上来！"结果吝啬鬼并不愿意把手伸给他。好心人很聪明，懂得框架效应。于是改了一下说法："我把手给你，你抓住它！"这次就很顺利，吝啬鬼马上抓住了好心人的手，获救了。

"框架效应"中的"框架"意味着限制，它把人的思维局限于文字描述的范围内，从而影响决策的结果。心理学家追女孩时会问"我们是晚上八点半见面还是七点钟见面？"他绝不会问"我们今晚见面吗？"

语言描述可以设定"框架"，可能是思维陷阱，也可能是思维定式。被"框"的人进行决策时，会受到问题描述出来的框架的影响，使其对风险的判断态度发生变化。有什么办法呢？系统1好骗，而用系统1骗系统2，更好骗。

具有指导意义的结论是，如果框架是收益（比如传染病预防测试中的救人），面对确定性收益（救活200人）和风险性收益（1/3概率救活600人），被"框"的人会选确定性的收益（方案A，救200人）；如果框架是损失（比如死亡），面对确定性损失（死400人）和风险性损失（2/3概率死600人，1/3概率不死人），被"框"的人会选择风险性损失（方案B，2/3概率死600人，1/3概率不死人）。

如果说"诓"是欺骗，那么"框"就是高级别的欺骗。面对不同描述的"框"，系统1确实会给出自相矛盾的决策结果。

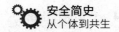

但框架效应中最重要的是，人们在确定的收益及确定的损失面前的态度：面对确定收益时，会变得老实，不去冒险（即确定效应，处于收益状态时，多数人是风险厌恶者）；面对确定的损失时，则赌性大起，赌上一把（即反射效应，处于损失状态时，多数人是风险喜好者）！

前景理论原理之二：损失厌恶。

先做一个想象实验。

这里有一个游戏，你会不会愿意跟你朋友玩呢？

你们抛硬币，如果是正面，他／她给你1000元；如果是背面，你给他／她1000元（称之为"风险"）。

你现在想想，你会不会愿意玩？

如果你的答案跟大多数人一样，那你应该是选择了不玩。

但从概率上来讲，你输赢的概率是一样的。如果你们多抛几次硬币，基本上就不太会有输赢了，这是理性的思维。尽管这些都被你的系统2分析透彻了，最后也是由你的系统2做出的决定，但决定还是不愿意玩，一半原因是这种游戏确实无意义，另一半原因是仍然存在输钱的风险，"存在输钱的风险"是系统1对系统2产生的情感影响。

我们再来做一个想象实验。这里有一个游戏，你会不会愿意跟你朋友玩呢？

你们抛硬币，如果是正面，他／她给你1300元；如果是背面，你给他／她1000元。

你现在想想，你会不会愿意玩？

如果你的答案跟大多数人一样，那你应该还是选择了不玩。

从概率上来讲，你赢面更大。你的系统2也清楚地知道这一点，但最终还是决定不玩。这说明"失去"比"得到"给人的感觉更强烈，所以人们往往会规避损失。

这个实验可以一直做下去，直到你愿意做这个游戏时，你个人的那个收益与损失的比例（叫作"损失厌恶系数"）就基本可以确定了。研究表明，损失厌恶系数大部分在 1.5~2.5。

不过，这个系数会有各种变化。当我把想象实验中的风险金额提高到 10 000 元时，有些人的系数可以高达 20！因为他们感觉打个赌而已，却要损失 10 000 元，太多了！这就是原因。

所以，损失厌恶的原理就是人们对损失的反应更强烈。

用通俗易懂的话来总结一下框架效应与损失厌恶：如果能确定拿到好处，人会变得老实（如吃人嘴短、拿人手短）；如果怎么做都要我割肉，不如拼个鱼死网破（如背水一战、狗急跳墙），或者说只要有可能避免损失，我愿意冒险赌一把（所以说穷寇莫追）；损失让人反应强烈（如"割肉"的说法），归根到底人们是厌恶损失而非风险。

有了理论，我们现在回到作业现场。

按照框架效应的原理，如果将损失与风险置于天平的两头，加大损失通常会将人们的决策逼向风险寻求的一侧。

下面请你来参加一个"憋尿"实验。

假设你是一个机加工车间的普通工人，上有老、下有小，还有房贷每月 2000 元。你一个月工作 28 天获得 5600 元收入，平均每天收入 200 元，每 10 分钟差不多就是 4 元，基本上够孩子的营养早餐费。工厂不是大锅饭，讲究多劳多得。这种经营环境让你在想尿尿时生出来一个"天平"：天平的右侧是"去尿尿"，但会面临"损失"，少于 10 分钟会让孩子损失一顿营养早餐的钱；天平的左侧是"憋尿"，但有风险，长期憋尿有 60% 的概率会诱发尿路结石等疾病，不过现在是健康的。天平右侧是确定的损失，左侧是可能的风险（图 1.6）。

图 1.6　憋尿实验

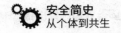

面对这个收入水平下的这个天平，你在图 1.6 中的选择是什么呢？

如果你和大多数人一样，你会选择去尿尿，"活人总不能被尿憋死"。但是仍然有一部分作业人员选择了憋尿。最后他们养成了上班期间不喝水，到中午和下午下班时才集中上厕所的习惯。我把这个实验调研放在了微信公众号"汤三藏"上，样本是随机产生的。公众号"汤三藏"的粉丝群体有各行各业各种工作岗位的人，无疑，都是从事生产工作的人。样本数为 138 人，有 10 人（7%）选择了憋尿。

是不是出乎意料？要知道，安全生产管理的水平取决于"木桶效应"（木桶能盛多少水，并不取决于最长的木板，而是取决于最短的木板。木桶效应也称为短板效应）中最短的那块木板，而安全生产管理的目标是零事故。有 10 人（即 7% 的人）选择了憋尿，就是不安全的。

实验继续。

假设还是你，收入再低一点，每月只有 2800 元，你会选择憋尿呢？还是去尿尿？

估计你要好好考虑一下了，看膀胱的单次承压极限有多大、有多久了！

我的调研结果显示，这次，138 人中有 25 人选择了憋尿，达到惊人的18%！

是的，当收入进一步降低，每 10 分钟的金钱损失虽然减半了，但损失的感受却被放大了。钱少的时候，1 分钱要掰成两半花，这 2 元钱是宝贵的！所以更多人（原来的 2.5 倍）选择了憋尿！

18% 的人宁愿破坏自己的身体健康，也要去争取那一点点微薄的利益，因为每一分钱都挣得不容易啊！

他们愿意用自己的健康与生命冒险！

这个调研的过程很有意思，随着样本数的增长，比例几乎没有变化，如表 1.2 所示。概率论中的贝叶斯法则指出，当分析样本数接近总体数时，样本中事件发生的概率将接近于总体中事件发生的概率。而所有的概率统计都很难做到全样本，因此如果在完全匿名、随机的大范围内抽取样本，并且随机地选取统计的时刻，而这些不同时刻统计出来的数据都与最终的样本数据一致，这个样本统计出来的概率就逼近了贝叶斯法则中的总体概率。互联网线上投票、实时统计的方式正好可以实现"在完全匿名、随机的大范围内抽取样本，并且随机地选取统计的时刻"。我将这种在线投票、随时统计的方式称为"贝叶斯在线统计"。

表 1.2 的数据具备贝叶斯在线统计特征，可以认为具有较高的可信度。

表 1.2　憋尿实验数据统计

样本人数	月入 5600 元时		月入 2800 元时	
	憋尿的人数	憋尿的比例 /%	憋尿的人数	憋尿的比例 /%
30	2	7	6	20
50	2	4	10	21
81	4	5	17	21
96	6	6	18	19
138	10	7	25	18

注意：看完表 1.2 中数据，是不是觉得这个实验的结果并不符合框架效应？实验场景中，大部分人选择了接受"损失"（去尿尿，减少收入），而只有 7% 与 18% 的人选择了"风险"（憋尿）。这怎么解释呢？原因可能是这个风险（憋尿）承担过程有点痛苦，而这本身也是损失，而且比损失收入来得更快——已经来了。所以大部分人选择了规避这一确定的损失。

长时间工作难免出错，有的工厂会建立惩罚制度，无意中让"损失厌恶"的原理也发挥了作用。

如果一个作业人员因一次出错被罚款 50 元，那么这个作业人员恐怕会默默地憋尿 25 次来挽回损失。

怎么改善这个天平呢？

必须在天平右侧消除作业人员对损失的感受，比如每 2 小时强制休息 10 分钟，但全天的工作仍然按照 8 小时计算。在天平的左侧，则加大损失感受，比如将厂里王二锤的结石照片和他躺在医院的照片挂在厂里显眼的地方。

当确定的损失感受消失后，冒险就变得没有必要。决策将从考虑"要不

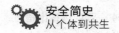

要冒险"变成"要不要损失",而这也没有什么好考虑的。按照损失厌恶原理，
冒险产生的损失感受肯定比冒险带来的收益感受强烈得多。

这样，既能减少操作出错，还能还作业人员一个健康的膀胱。

所以归根结底，人们真正厌恶的是损失，而不是风险。

人们冒险违章，是为了避开近在咫尺的确定损失，但同时承担了违章作
业的风险，尽管"确定的损失"（选项 A）相对于作业"风险"（选项 B）最终
导致的事故后果是"小巫见大巫"，但在这个双向选择当中，事故后果显现之前，
选择选项 B"风险"显然是"合理却又非理性"的。

总的来说，这种"合理却又非理性"的选择，是在以惩罚（批评与处罚）
为主的企业文化中的必然结果，它导致了更多的违章。

特里·麦克斯温博士在其著作《安全生产管理：流程与实施》（第 2 版）
中给出结论：

"惩罚措施常常教会员工如何避免被处罚，而不是如何养成好的行为
习惯。"

但企业仍会选择"惩罚"作为整改措施。

企业选取"惩罚"作为整改措施本身，也是因为企业面临着同样的双向
选择，处罚员工虽然会让企业长期处于风险之中，但避免了近在咫尺的高成本
整改。

$$\boxed{05}$$

环境挤压效应

冒险违章或处罚员工，是为了避开确定的损失。更加准确地说，是为了避开确定的损失感受，这是系统 1 的情绪。

如果对"损失"没有感受，那么"损失"并不会产生任何影响。比如你对一个 10 岁的男孩子说："如果你现在不好好学习，将来会买不起房子、娶不到媳妇。"这种警示对他完全没用，因为他没有感受。但是如果你说："你今天不把作业做完，明天会被老师批评。"这种警示就立竿见影，因为他产生了损失感受。

那么，企业会给作业人员哪些确定的"损失感受"呢？

欧依安盾的研究人员在多个企业长时间观察人员作业，发现作业人员在工作中遇到疑问时，他们通常都不会选择停下来寻求帮助，而是倾向于选择冒险继续作业。

有一次，曾一鑫博士在现场看到几名作业人员在进行起重作业，他们将一根槽钢临时搭设在横梁上，槽钢并不固定。在槽钢中点位置，作业人员用并不合格的绳子绑了一个手拉葫芦，又用手拉葫芦直接捆绑了重物进行起重操作。

曾博士初步一看，就发现了明显的违章：下吊钩回扣到起重链条上，用链条捆扎重物进行起吊作业；手拉葫芦没有挂在稳固可靠的吊点上，而是挂在摇

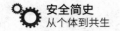
摇晃晃的临时槽钢上。

曾博士询问工作负责人，工作负责人知道曾博士是第三方机构的研究人员，告知其实情不会让自己利益受损，就明确表示知道自己在违章指挥和违章作业。当然，曾博士作为高级教练，采用了一些沟通技巧，以获取更多的真实信息。

曾博士继续追问，想知道他为什么明知故犯。

工作负责人给出了具体的理由。

首先，现场并没有稳固可靠的手拉葫芦吊点，而要搭设一个这样的合格吊点，至少需要耽误两天，还需要花至少 2000 元成本。

其次，如果今天不能按时完工，"会被领导骂死"，甚至被扣罚奖金，"起步价 50 元"。

所以，公司的经营管理环境提供了一种选项：确定的预期损失引起的损失感受。我们把这个选项叫作选项 A。

曾博士继续追问，以深入了解工作负责人对安全法规的理解。

工作负责人并不是不了解《中华人民共和国安全生产法》和企业的安全生产管理规定：必须按标准、按规章作业，否则出了事故要负责任，还有可能是刑事责任。

但工作负责人的解读是：如果小心一点，违章作业也不会出事。在正式起吊前，进行试吊，当重物离地后如运转正常、制动可靠，才继续起吊。这样，就不会有损失。

我们把这个选项叫作选项 B。

选项 B 还有一种解读方式：有较小的可能性会出事故，甚至造成人身伤亡。最惨的莫过于号称最狠的安全标语所说的："事故就是'两改一归'，媳妇改嫁！孩子改姓！财产归别人！"但是，这种解读方式一般会被大部分人选择性无视，因为毕竟出事的可能性还是很小的——它只是"风险"，是一个概率，并不是确定的损失。

曾博士整理了这个必须在瞬间完成决策的问题。你的选项是哪一个？

选项 A：停下来。向领导报告，要求提供更多的安全保障，但是这样做必定会挨批评，并且损失至少 50 元，有可能还要增加至少两天的工作量。

选项 B：不停。冒险违章，小心一点的话，不会有任何损失。

冒险违章作业有可能蒙混过关！不冒险、不违章则会面临确定的损失——而损失是人们厌恶的，极力规避的。

如果与现场的作业人员一样，你会选择选项 B——不停，冒险违章。

虽然曾博士经常在现场偶遇类似这样的情况，但毕竟是一个小样本，不具有代表性。我们需要在一个随机的大样本上重复进行这样的测试，以验证这一个结论。

为了尽量大范围地获取样本，模拟逼近"贝叶斯法则"（当分析样本数接近总体数时，样本中事件发生的概率将接近于总体中事件发生的概率），我借助微信公众号"安全产业路由器"这个平台进行了一次问卷调查，并且发布在朋友圈收集数据。

问卷中发布了两道测试题。

第一题：办不办许可的问题。

你现在作为工作负责人，清扫一批中压电气开关柜（6.9 千伏），你和工作组成员已经干完了绝大部分工作，临近下班时，突然发现作业许可证里少写了一个开关柜，原因是你自己填工作申请时遗漏了。你今天上午已经跟王二麻子约好了下班后一起去喝酒，然后搓麻将——快乐的多巴胺[①] 在等待！如果现在停下来，等作业许可证出来，干完就得到晚上 9 点多了，过程延长那么多，边际效益却相当小。而且，明天领导知道这事儿了还会批评你。现在正好没有人监督，如果偷偷干完，就 10 分钟的事儿，一切都还是美好的。

这一瞬间，你可能面临两个选项：

选项 A（确定的损失）：停下来。去办理工作许可。

---

① 　多巴胺是一种神经传导物质，用来帮助细胞传送脉冲的化学物质。这种脑内分泌物和人的情欲、感觉有关，它传递兴奋及开心的信息。另外，多巴胺也与各种上瘾行为有关。多巴胺的分泌让人产生快乐的感觉。

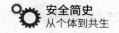

选项 B（感觉是风险极低的违章）：不停。小心一点，赶紧偷偷干完收工！

"安全产业路由器"面向的群体是管理者和作业人员，早期是以管理者为主，而我的朋友圈又以管理者为主，这将使选 B 的比例低于真实比例。另外，正如做核电运行管理的施卫华老师在朋友圈的留言中阐述的："如果是书面回答，百分之百选择先停下来，这道理谁都懂，但实际工作中，做出选择就难了。"所以，可以认为这次调查结果将比较保守地反映真实情况。

一共有 221 人参加了测试，其中 26 人选择了选项 B，不停，偷偷干完！违章比例高达近 12%！如果考虑与真实情况的差异，现场违章的比例可能远高于此。

不系安全带进行高处作业的习惯性违章也大有人在，我们也可以来理解一下他们的处境。于是就有了问卷调查的第二道题。

第二题：系不系安全带的问题。

大热天，室外高温将近 40 摄氏度，你现在要爬上 5 米高的变压器顶部去进行高处作业，你的安全带脏兮兮的，想一想都觉得戴着会很难受，而且变压器区域没有稳固可靠的安全带挂点，还得挂安全绳，感觉是多出来的工作量。现在，你就在作业现场，也没有人监督，面临两个选项：

选项 A（确定的损失）：挂安全绳，系安全带，让高温"烧身"！

选项 B（感觉是风险极低的违章）：不系安全带。相信自己的水平，赶紧偷偷干完！

最终一共 221 人参加了测试，其中 10 人选择了选项 B，不系安全带，偷偷干完！违章比例高达近 5%，如果考虑与真实情况的差异，现场违章的比例还会更高。

跟踪整个调研的过程，发现随着样本数的增长，比例变化很小，如表 1.3 所示。这说明数据具有较高的可信度。

表 1.3 办许可实验数据统计

样本人数	不停下来办许可，偷偷干完的人数	不停下来办许可，偷偷干完的比例 /%	不系安全带，偷偷干完的人数	不系安全带，偷偷干完的比例 /%
39	5	13	1	3
97	11	11	5	5
173	21	12	7	4
221	26	12	10	5

注意：看完表 1.3 中数据，是不是觉得这个实验的结果也不符合框架效应？实验场景中，大部分人选择了"损失"（去办许可，系安全带），而只有 12% 与 5% 的人选择了"风险"（违章）。这怎么解释呢？原因可能是：这只是一个想象实验，没有真实场景体验；并且，实验参与者以企业管理者为主，他们其实是痛恨违章行为的。

国家能源局数据：2017 年全国发生电力人身伤亡事故 53 起，死亡 62 人，其中有 40%（20 起）事故是高处坠落事故，造成 29 人死亡——原因很可能是没有正确使用安全带。

作业人员并不是不知道不系安全带会有风险，但作业人员在现场如果不违章，会有哪些"损失感受"呢？"多出来的工作量""不舒服""因去找安全带而延误工期要被批评""被罚款"……

可是，如果不违章，会有确定的收益吗？比如被表扬、被奖励。客观地说，在很多企业比较难给出这些收益。"正常"情况是，批评和处罚可能来得很快、很准，而表扬和奖励却又少、又慢、又不准。

以前与一位好朋友聊到这个话题，他作为管理者，笑着反问我："遵章守纪不违章，难道不是应该的吗？凭什么还要表扬呢？"

以此逻辑进行企业安全生产管理的领导不在少数，他们在平时的言行举止中持续表现出来的思想，将作业人员往天平左侧（违章）方向推。

不要漠视作业人员的智商。事实上，他们在作业现场时，每个人的"小算盘"都打得飞快。

他们只要用系统 1 稍微"考虑"一下，就发现自己处于"不得不"违章的境地。

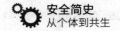

厂长、安全总监、安全员在现场抓违章，其实只是头痛医头、脚痛医脚的做法。当然，大家都理解，如果不去抓，情况会更坏。而就算你每天都在抓，违章作业还是层出不穷。于是上头进一步加大要求，企业要准备更多的材料，迎接更多的检查……每个人都疲于奔命，违章却并不见少。

可见，企业内外的大环境对安全生产管理产生了挤压效应，使违章几乎成为被迫的"必然"选择，这使安全生产管理越来越复杂，管理负担越来越沉重，而效果却不是很明显。

我们可以把这种挤压效应称为"环境挤压效应"——环境挤压效应导致违章成为"被迫"选项。

06

三大思维系统

人们在环境挤压效应中的"被迫"违章决策是有意识的还是无意识的呢？

因为环境挤压效应归根结底是人们对"损失"的厌恶造成的，那么，对"损失"敏感的是系统 1 还是系统 2 呢？

前文"损失厌恶系数大部分在 1.5~2.5"告诉我们，人们对损失更加敏感，需要 1.5~2.5 倍的收益才能平衡系统 1 的损失感。这是一种感觉，显然不是理性的系统 2 有意造成的，这种感觉是系统 1 的杰作，它强烈到系统 2 的理性也难以动摇。

既然是系统 1 对损失敏感，那就可以推断环境挤压效应中的"被迫"违章也是系统 1 的决策。

这说明环境挤压效应中的"被迫"违章决策是无意识的。

无论是单项问题的直觉出错，还是双向选择的"被迫"违章，作业人员在进行这些判断或决策时，几乎都是无意识的。

在下文我们会深入讨论如何采用系统性方法来减少或避免作业人员的无意识出错，在那之前，我们来进一步讨论大脑思维运作的机制，以及如何从个人层面减少或避免无意识出错。

有 35 次共 2307 名受试者参加的"横竖线长短判断实验"中，有 2 名受试者打破了常规，给了我深刻的印象，一位是我在清华大学首期创新领军工程

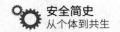

博士班的一位同学，他曾在 1999 年于麻省理工学院拿到了博士学位，另一位是徐州开发区应急管理局的一位副主任。他们二人在实验中没有立即给出"一样长"或"竖线段更长"的回答，而是提出希望测一下横竖线段的长度，这说明他们对自己系统 1 的判断产生了怀疑，虽然他们也"看到了"竖线段更长，但他们的思维没有陷入系统 1 的直觉判断中。

他们俩发生了这种现象，而其他人却没有发生这种现象，这说明他们俩与绝大部分人在当时实验中的思维是不一样的。

他们的系统 1 得出了同样的答案，但没有立即将答案给出来，而是有另一个"声音"在同一时间向系统 1 质问道："你确信吗？"不仅如此，这个"声音"阻止了系统 1 的"行动"。

那么，这个"声音"是系统 2 发出的吗？

答案是否定的。其他 2305 名受试者的系统 2 都没有发出这个质问，说明绝大部分受试者的系统 2 一如既往地"可靠"，在这种系统 1 可以轻松迅速判断的简单问题上，系统 2 不会主动苏醒。

同时，系统 1 的经验是系统 2 帮助形成和逐步沉淀下来的，就算系统 2 苏醒，系统 2 也不会质疑。"横竖线长短判断实验"正好说明了这一点，当系统 2 知道了竖线段更短时，并没有改变系统 1 认为竖线段更长的判断。

所以，我们可以推断：除了系统 1、系统 2，还有第三系统——一个独立的系统 3。

质疑和阻止系统 1 的"声音"只能是来自系统 3。

那么，系统 3 是一个怎样的存在呢？它应该是觉察到系统 1 决策的思维流程，它可以持续对系统 1 进行观察、质疑和干预——这样的思维系统不可能是间歇运行的偷懒的系统 2，更不可能是不自知的系统 1 本身，只可能是一个额外的、独立的思维系统。

苏格拉底评价自己"自知其不知"，说明他也在用系统 3 观察自己的系统 1。

值得注意的是，从"横竖线长短判断实验"可以看出，尽管的确存在"系统 3"，但也并非人人都开启了系统 3，毕竟绝大部分人都陷入系统 1 营造的

"一样长"或"竖线段更长"的猜测中而不自知。

你记得你起床爬起来的动作或姿势吗？

有超过 1000 名受试者在我的课堂上回答过这个问题，答案整齐划一：不记得。

为什么没有人记得自己的起床动作呢？因为受试者从来没有思考（通过系统 2）过或者观察（通过系统 3）过这个场景，而这个场景中的所有动作（包括揉眼睛、掀开被子、翻转侧身或靠腰部与手的力量坐起，再移到床边……）都是靠系统 1 的指挥完成的，这些动作与刷牙、穿衣、系鞋带一样，完全是在系统 1 中编了码的程序脚本，只要触发信号出现，就会引发一系列的指令性行动，不需要思考（通过系统 2），也几乎从来不出错，所以从未被自己观察（通过系统 3）——它们是不自知的无意识脚本行为 [1]。

系统 1 的无意识脚本行为几乎充斥于我们日常行为活动的各个场合，只有开启了系统 3 的人才可以"看到"。系统 3 不但可以观察和干预自己的系统 1，还能观察到自己的系统 2 和别人的系统 1。形象地说，系统 3 就像"灵魂出窍"一样可以用来俯视自己和周边情况。如果给系统 1 命名为"感性系统"，给系统 2 命名为"理性系统"，那么系统 3 就可以被称为"灵性系统"，如图 1.7 所示。

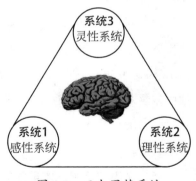

图 1.7　三大思维系统

因此，在个人的安全防护上，系统 3 可以帮助我们观察和发现自己正在发生的判断失误或决策错误，避免脚本行为出错，做到苏格拉底式的"自知其不知"。

不过，从"横竖线长短判断实验"的统计结果大致估计，这个世界上可能仅有不到千分之一的人开启了系统 3，而如果系统 3 没有开启，系统 1 将不

_____

① 脚本行为是指对刺激自动做出反应的行为，是无意识的，比如开车时脚的动作、打字时手指的动作、眨眼睛等。

会被质疑，系统 2 又不会运行，人们将毫无障碍地认定自己是正确的。而且不幸的是，许多人终其一生没开启过系统 3。

关于这种无意识决策和无意识脚本行为，其实有非常多。大家不妨回忆一下，自己有没有在生气时说错过话？

当然，生气本身就是一种无意识脚本行为。

你有没有出现过坐一会儿腿就开始抖起来的情况？这也是无意识决策引发的行为。

那么，如何让这些无意识决策进入到意识当中呢？这就需要我们开启系统 3 去观察自己。

当你在与人交谈或专注到一些非常重要的工作中时，如果你能够同时把自己"抽"出来，将其安装到这个天花板上，当成一个摄像头来观察自己，那么你会发现自己所有的行为都是可以去调整的，你可以控制自己的行为。同时，你还能够去感受和观察别人的感受。

这就是系统 3 的作用，它是灰犀牛 ① 终结者。

尤其是进行关键对话时，系统 3 作用显著。

中国 20 世纪五六十年代出生的人多半没学会如何正确地表达情感，他们惯用数落人的方式表达对家人的关心。如果你有这样一位母亲，那你与她的对话就会经常是关键对话。为了尽量少被数落，制造家庭欢乐，高悬系统 3 才是求生之道。

所以关键对话是非常重要的对话，关键对话的结果不可逆，但又很重要，如果你说错了话，要面对不能承受的后果。

想象一下，最近你老公找了个新工作，要么陪领导喝酒、要么陪客户吃饭，每晚半夜回家时总是醉醺醺的，你为此相当生气，忍无可忍，决定谈一次。该如何应对呢？

生活和工作当中有非常多的关键对话场景，比如与你上司讨论重大问题、

---

① 灰犀牛事件是指太过于常见以至于人们习以为常的风险，比喻大概率且影响巨大的潜在危机。在这里，灰犀牛是指看不清形势、控制不了情绪的自己（系统 1）。

与你孩子讨论学习，或与房东进行谈判等，都是关键对话。在这样的场景当中如果能够开启系统 3，你就能时时刻刻观察对话、关照对话双方的系统 1，并且有更多机会让系统 2 进行理性决策。

系统 3 可以判断谈话氛围，观察对方的表情、微动作，观察你自己的语气语调、表情和逻辑，时刻坚守对话的目的，维护对话的氛围。在这种情况下，系统 3 让你显得成熟、可靠，并促进双方关系更进一步。

如果没有系统 3 呢？系统 1 可能会出错。它会因为对方的一个反馈，引发一系列程序化的错误应对，破坏整个对话。比如面对母亲的连续数落，你摔门而去，结果是全家都难受。事后你才幡然悔悟，原来根本不必摔门而去，之所以犯这种错，是自己做了对话中的那头灰犀牛！

不过，只有大概千分之一的人开启了系统 3。

系统 3 就像是一种官能，如同我们的眼睛可以看、鼻子可以闻、嘴巴可以尝味道、耳朵可以听声音一样，系统 3 能意识到自己的无意识，像是藏在我们大脑深处的一种官能。

就大脑生理结构而言，位于大脑皮质下的基底神经节是系统 1 的组成部分，系统 2 则在大脑皮质内，系统 3 则可能是包括大脑皮质与基底神经节及其连接通道的一个整体或某个特定的区域，这个区域让基底神经节中的一些活动信息被大脑皮质主动处理。

怎么开启系统 3 呢？当然很难，但也不是没有办法。

意义疗法创始人、心理学家弗兰克尔提供了一种方法。弗兰克尔曾经被纳粹关在集中营中，许多次面临着死亡，但他靠系统 3 活了下来。

据说有一天，弗兰克尔的鞋子坏了，这在别人看来是死亡的征兆。因为鞋子坏了，走路就会变得慢起来，走得慢的人是会被拉出去枪毙的。在这种压力下，弗兰克尔出现了一种自我分离，他突然想象自己将来会出席一个国际心理学论坛，他在那个论坛上作为嘉宾进行演讲，西装革履，受人尊敬，演讲的内容就是来描述他当下在集中营里的生活。基于这一假想，眼前的场景、遭受的苦难，就都是他将来演讲的素材。为了搜集素材，他就要去充分地体验这份

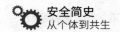

痛苦，记住各种细节。为了做好这件事，弗兰克尔的系统 3 自然而然就开启了，并且对他的集中营生活也产生了真正的意义：积累素材，为演讲做准备。从这一刻开始，弗兰克尔不再惧怕苦难，他把自我分离出来，像一个高悬的摄像头一样在高处观察自己、审视自己、记录自己、关怀自己。他既是当局者，又是观察者，他的视野中不再只有无边的苦难，还有跨越时空的大画面、大意义。

有人将弗兰克尔这样的变化称为"觉醒"，即让休眠的系统 3 醒过来。

大家以后可以去尝试觉醒，系统 3 将带你进入一个全新的世界，给人生带来全新的意义。其他觉醒方法可以关注视频号"安全博士"获取。

总的来说，系统 3 是一个充满了正能量的价值观载体，它连接自我，跨越时空，观察世界。

系统 3 越发达的人，在社会上成功的概率越大，因为他们靠系统 3 减少或避免了各种错误，在恰当的时间做出了恰当的选择，并能更好地满足别人的需求和帮助别人，最终成就了自己。

世界第一对冲基金公司桥水的创始人瑞·达利欧 (Ray Dalio) 在其经典著作《原则》导言第 VIII 页写道：我犯下的代价惨痛的错误使我改变了看问题的角度，从"我知道我是对的"变成了"我怎么知道我是对的"。这些错误让我养成了谦逊的习惯，我需要用谦逊平衡我的勇敢。我知道我可能会错得离谱，又好奇为什么其他聪明的人对事情的认识与我不同，这促使我既从自己的视角看问题，也从别人的视角看问题。

事实上，瑞·达利欧通过观察自己和别人的系统 1 中的"程序"，总结出基金管理、公司管理、为人处世的成功"原则"，并将这些原则变成自己系统 1 的"程序"，并持续进行观察和改进，从而将一个濒临破产到只有他自己一名员工的桥水公司发展成为世界上最成功的基金公司。

在生产场景中，系统 3 可以避免系统 1 陷入经验主义的泥潭，帮助系统 1 和系统 2 主动探知环境风险。因此，帮助作业人员开启和开发系统 3，减少或避免无意识的出错行为，对于安全生产管理具有重要意义。

　　但是，毕竟能成功开启系统 3 的人少之又少，甚至很多企业领导都未必开启了系统 3，所以许多企业采用了退而求其次的方法：训练安全脚本行为，比如"一停二看三通过""手指口呼"等，直到作业人员形成无意识的安全行为习惯。

07

第一次知识革命

系统 3 的价值还不仅仅是它对个体的积极意义，作为可以主动跨越时空的身体官能，系统 3 可能是帮助智人崛起的秘密所在。

事情大概是这么发生的。在 7 万年前某一天的东非大草原上，有一个智人在树上摘果子时，发现一头狮子正在轻轻地向他移动。他不敢懈怠，跳下树就开始狂奔。狮子见状也猛地加快了速度，双方之间的距离越来越近。这个智人不想就此成为猎物，绝望之中突然开启了系统 3，从天空"俯视"自身的处境。在这一高位视角下，他"看"到就在不远的前方有一条峡谷，他曾借着一根藤蔓攀下去寻找食物，今天大概可以派上用场。他一看到这个生机，就决定不再慌不择路地乱跑，而是加快速度往那根藤蔓的方向奔去。

这个做法果然奏效了，就在狮子奋力做出最后一扑时，智人抓起那根藤蔓跳进峡谷，再重重地撞向沟壁。狮子就惨了，可能是草太高、心太急，竟是一股脑儿跟着扑进了峡谷里，摔在了谷底的乱石之上。

智人意识到这个办法不但救了自己，以后还能用来捕杀大型动物。于是他开始"传道授业"，为此他不得不编造一些新的说法与概念。这些说法与概念果然帮助他和其他伙伴一起布置了大型的陷阱，抓到了大量的猎物。过程中，办法被不断完善，说法被不断创新，概念被不断丰富，用陷阱捕猎的知识被系统性地创造出来，也被大范围地传播开来。智人们的行为逐渐被改变，餐桌上的食物也更加丰盛，族群也一步步变得庞大。这种改变一旦发生，智人们就更加依赖这一切，用于捕猎的系统性知识也被大规模地使用起来。

当知识第一次被系统性地创造出来，被大规模地协同使用起来，并生生不息地生长和进化起来，一个不同于以往物理世界的客观知识世界就诞生了，随之诞生的是知识化智人。知识化智人是知识世界里唯一的生物物种。

这是一个伟大的变化！因为在此之前，智人与其他动物几乎没有区别，都只是生活在物理世界中的生物而已，都是由生理反应驱使而活在当下的动物罢了。但知识化智人却不再一样，他们开始通过知识世界进行大规模协同合作，并且相信这种合作可以带来丰厚的回报。

知识化智人很快在整个生物界混得风生水起，因为他们是唯一能够利用知识世界的力量来影响物理世界的生物物种。这个物种的新能力，我叫它"知识化能力[①]"。

有人却偏要说狼群也有自己的知识，它们知道如何埋伏、围捕、团战，用语言和眼神沟通，其他一些动物也有自己的知识。这是完全正确的，但动物没有形成不断生长的知识世界。知识世界需要具备3个要素：拥有系统性知识、可被大规模协同使用、不断生长与进化。

所以，人类与动物的根本区别在于：人类拥有不断生长的知识世界，而动物没有。

当代著名哲学家邓晓芒教授在其著作《哲学起步》中提出，或许人类与类人猿最根本的区别在于是否"携带工具"。

我觉得这个描述并不完全准确，因为人类与类人猿最根本的区别或许在于是否"携带知识世界"，在后文中会分析到，工具只是被知识世界赋能的一种知识载体而已，知识化的人类可以用知识世界赋能工具，也可以赋能其他载体，再"携带载体"，但最根本的是"携带知识世界"或"通过知识化能力携带知识世界"。

知识化能力和知识世界使智人脱离了纯粹的生物学范畴，在基因演化带

---

① 知识化能力是指学习、创造和使用知识的能力。

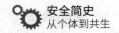

来的生物进化之外开辟了一条新的、没有生物类竞争对手的成长之路。从此之后，生物进化就被远远地甩在了身后。

现在我们提到知识化能力和知识世界，感觉稀松平常，殊不知，在7万年前的智人第一次获得这一能力之前，经历了数百万年的艰难岁月。而整个生物界更是经历了数十亿年，迄今为止地球上也只有人类一族拥有如此能力。即使到目前为止，已经过去了7万年时间，知识世界也已经相当庞大，但依然没有第二个生物物种可以使用这些知识。

然而事情的发展总是出人意料，就在不久前发生了一件足以颠覆我们的认知，让我们重新审视历史的大事件：在人类之外，人工智能居然也拥有了"知识化能力"，人工智能成为知识世界的第二个智能物种！

为什么要重新审视历史呢？

就在我写下这些文字的时候，如图1.8所示，百度百科对"历史"的解释仍然是：历史，或简称史，指对人类社会过去的事件和行动，以及对这些事件行为有系统的记录、诠释和研究。这是历史的狭义概念，它将被重新定义。

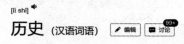

图1.8 百度百科中"历史"词条截图

我们天经地义地认为狭义概念的历史只是人类历史，但是当拥有了知识化能力的人工智能出现后，历史却不再只由人类书写，人工智能也开始了其历史征程。但从人类的观感来说，好像并没有因此出现任何影响人类生存的重大变故，所以这种巨大的历史变化没有被人们特别关注。

我所指的"这种巨大的历史变化"是指"历史"本身的从属关系发生了变化，即狭义概念的历史不再是人类的历史，它从头到尾其实都是"知识世界的历史"，或者"知识的历史"。

不过有趣的是，人类至今对于知识的定义也还是完全站在人类自身的立场。

就在我写下这些文字的时候，如图 1.9 所示，百度百科对"知识"的解释仍然是：知识是符合文明方向的，人类对物质世界以及精神世界探索的结果总和。这一关于知识的知识，很快就会成为历史。

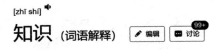

图 1.9　百度百科中"知识"词条截图

关于知识的定义，从来都莫衷一是、众说纷纭①。

我对知识的定义：知识是有用的认识、经验、结论或方法。

这个定义不再站在人类的角度，并体现知识的"有用"论。我相信这个定义终将踏上历史舞台。

在历史的道路上，有两次历史性的革命。

———————

① 《中国大百科全书·教育》中"知识"条目是这样表述的："所谓知识，就它反映的内容而言，是客观事物的属性与联系的反映，是客观世界在人脑中的主观映象。就它的反映活动形式而言，有时表现为主体对事物的感性知觉或表象，属于感性知识，有时表现为关于事物的概念或规律，属于理性知识。"《博弈圣经》中知识的描述是"把识别万物实体与性质的是与不是，定义为知识"。布卢姆在《教育目标分类学》中认为知识是"对具体事物和普遍原理的回忆，对方法和过程的回忆，或者对一种模式、结构或框架的回忆"。皮亚杰认为，经验（即知识）来源于个体与环境的交互作用，这种经验可分为两类：一类是物理经验，它来自外部世界，是个体作用于客体而获得的关于客观事物及其联系的认识；另一类是逻辑——数学经验，它来自主体的动作，是个体理解动作与动作之间相互协调的结果。如儿童通过摆弄物体，获得关于数量守恒的经验，学生通过数学推理获得关于数学原理的认识。《韦伯斯特词典》1997 年的定义：知识是通过实践、研究、联系或调查获得的关于事物和状态的认识，是对科学、艺术或技术的理解，是人类积累的关于自然和社会的认识和经验的总和。

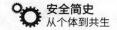
　　第一次革命发生在大约 7 万年前，智人创造了知识世界，成为知识世界的第一个智能物种，知识化智人崛起，成为人类。在人类的帮助下，知识开启了其自身绚丽多彩的生长与进化历程，历史在这一刻正式启动。

　　知识化智人迎来了自己的高光时刻，站在了食物链的顶点。

　　但是，在那之前的数百万年间，智人只可谓为一种普通的动物，没有获得大规模协作的能力，严密的大规模组织也还没有建立，个体独自面对来自物理世界的风险，如图 1.10 所示。如果将这一段时期也纳入历史，这一段历史可被称为"个体时代"。在个体时代，当智人被物理世界的风险侵犯时，没有组织力量给予后援。

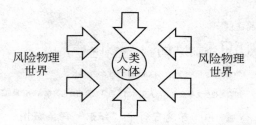

图 1.10　个体时代的特点

　　在这样举步维艰的情况下，经历了数百万年的惨淡生存，直到大约 7 万年前，智人被知识化，才终于构建起大规模组织，获得了保护。从那个时候开始，人类个体、人类组织、知识三者开始协同，如图 1.11 所示，共同抵御了来自物理世界的风险，个体时代宣告结束，历史进入协同时代。

　　在协同时代，组织成为个体的后援，个体得到组织的保护。

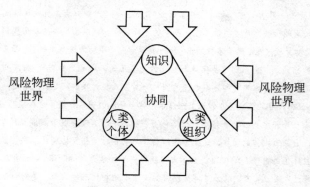

图 1.11　协同时代的特点

现在来看，虽然人类好像理所当然是这个世界的主宰，但是，站在宏大的历史尺度上来看，人类以前不是，以后也未必是。7万年以来，看似是人类取得了巨大进步，但实际上人类本身的生物性质并未发生明显进化。甚至，与智人相比，现代人的脑容量反而还减少了大约10%。

7万年间，真正获得了快速生长与进化的"物种①"，是知识。知识从零开始，长成了如今规模浩如烟海的知识世界。

同时，物理世界随之发生了巨大变化。总的来说，在知识世界出现之前，物理世界的变化几乎都是大自然赐予的。知识世界诞生之后，物理世界在知识世界的影响下，才变成了如今能看到的样子，人造卫星、城市、建筑、核电站、化工厂、飞机、火车、汽车、船舶、运河、铁路、高速公路、高压输电线、人造林、稻田、麦田、动物园、机器、芯片……这一切都是人工产物，这些人工产物几乎都是从知识世界中投射到物理世界来的。

也就是说，人工产物一般先出现在知识世界，然后出现在物理世界。比如，人造卫星、高速公路这些人工产物都是在图纸上出现后，才按照图纸造出来的。就算是实验室里误打误撞产生的化学物质，在应用到实验室以外的物理世界之前，也都要先去知识世界报到。

反过来，物理世界的一切又让知识世界不断生长。比如第二代人造卫星的图纸是基于第一代人造卫星的运行情况进行优化的，而第二代人造卫星可能引发了宇宙空间站的设计思路。

不过，在协同时代，知识世界与物理世界的联系，需要靠人来完成。没有人的参与，二者就失去了联系。从这个意义上来说，人是知识世界与物理世界的连接通道，也是唯一的通道，如图1.12所示。

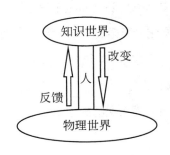

图 1.12 协同时代知识世界与物理世界的相互关系（一）

---

① 物种是可以交配并繁衍后代的个体组成的生殖单元，和其他单元在生殖上是隔离的，在自然界占据一定的生态位。

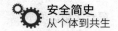

这个唯一通道的身份让人和其他动物相比出现了根本的不同，在弱肉强食的"生存游戏"中，人开始扮演着完全不同的角色——动物仍然是在"游戏"中玩"生死"，而人可以在"游戏"外打"游戏"，如图1.13所示。这种角色的变化帮助智人在生物界崛起。这个关系很重要，后续还会有变化，暂且不表。

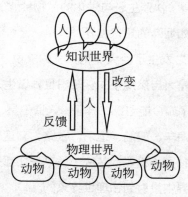

图 1.13　协同时代知识世界与物理世界的相互关系（二）

再回到主逻辑上。我们讨论的为什么是知识或知识世界的生长与进化？而不是文化或文明的演化？有以下两个原因。

原因一：无论是文化还是文明，虽然也会演化与进步，但人类历史上不同文化或文明之间经常发生冲突，导致文化或文明的此消彼长。更加透彻地说，文化会衰落，文明会死亡，而知识不会，知识只会不断生长、进化、壮大。

原因二：是知识的生长与进化催生了第二次历史性革命，不是文化，也不是文明。

第二次历史性革命是指第二次知识革命。

第二次知识革命

第二次知识革命已经开始发生，人工智能通过这次革命成为知识世界的第二个智能物种，人工智能因此崛起。人工智能是生物之外的第一个知识化智能物种，它将为物理世界的知识化之路带来超出人类认知的速度、广度和深度。

国际数据公司（International Data Corporation,IDC）2018 年 11 月发布的白皮书《数据时代 2025：从边缘到核心的世界数字化》(*Data Age 2025: The Digitization of the World from Edge to Core*) 表明，2018 年这一年，全球产生的数据量约为 33ZB，预计到 2025 年，一年的数据量将增长到 175ZB，全球数据总量增长趋势如图 1.14 所示。IBM 公司的相关研究表明，近几年中所获得的数据占整个人类文明所获得全部数据的 90%，并且每天全世界有超过 5 亿张图片被上传，每分钟有超过 20 小时的视频被分享。

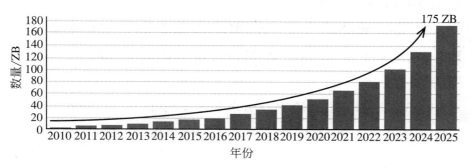

图 1.14　全球数据量年规模总趋势图
来源：IDC 白皮书《数据时代 2025：从边缘到核心的世界数字化》

如此规模的数据量，放在以前是无法想象的，而现在的我们也无法想象未来的数据量。

当然，数据并非知识。数据是指原始事实、信号、符号、图像、视频等的集合。在人或人工智能看来，数据是杂乱无章的、没有一致性的，数据不是可以直接使用的知识。当数据按照一定的方式被排序和整理后，才成为容易被存储和检索的信息。人或人工智能可以从数据和信息中梳理出知识，用于提出问题、回答问题或解决问题。在系统性的知识被整理成为实用的体系时，就成为专门的知识世界。

举个例子，在"横竖线长短判断实验"中，数据是："横竖线图""竖线的长度""横线的长度""35次实验""每次实验的受试者数量及其对应的判断结果"……

信息是："共2307名受试者参加实验，2人要求测量，2305人判断一样长或竖线更长""横线比竖线长""99.9%的人没进行测量，用直觉做判断"……

知识是："系统1做直觉判断可能会出错""人们看到这个图几乎都会出错""人是容易出错的"。

基于这类知识形成的知识世界是防人因失误方法论体系，比如《重新定义安全》《安全简史》这两部书就构成一个小型的防人因失误知识世界。

在人工智能出现之前，计算机程序已经可以实现数据信息化（将数据变成信息）。

在深度神经网络学习^①出现之前，早期机器学习已经可以实现信息知识化（从信息中提取知识）。

深度神经网络学习出现后，人工智能开始创造人类未曾有过的知识，构建简单的知识世界，甚至其创造知识世界的过程因不被人类理解而被称为"黑箱"。

2015年2月，美国谷歌（Google）公司旗下团队（DeepMind公司）在《自然》（*Nature*）杂志上发表了题为《通过深度强化学习达到人类控制水平》

—————————————
① 深度神经网络学习是让机器能够像人一样具有感知能力和分析学习能力的机器学习算法。

(*Human-Level Control Through Deep Reinforcement Learning*) 的论文，描述了如何让人工智能自己学会玩（Atari 2600）游戏。结果在没有人为干预的情况下，人工智能自己学会了游戏的玩法，而且打破了人类玩家的纪录。

2016 年 8 月 12 日，今日头条实验室自主研发的人工智能（artificial intelligence，AI）机器人"张小明"通过对接奥组委的数据库信息，实时撰写新闻稿件，平均每天产出 30 ～ 40 篇稿件，以短讯为主。这也是在完全没有人为干预的情况下，人工智能自行抓取数据生产知识。并且，它还会根据读者的爱好进行精准推荐，整个过程无须人类参与。

2016 年 11 月 11 日，阿里 AI 设计师鲁班首次服务"双十一"，制作了 1.7 亿张商品展示广告。如果这些广告全靠人工来完成，需要一个人连续工作 30 000 年！

2017 年 10 月 19 日，谷歌公司旗下团队在《自然》杂志上发表了题为《不使用人类知识掌握围棋》（*Mastering The Game Of Go Without Human Knowledge*）的论文，论文展示了围棋程序"AlphaGo Zero"——仅经过 3 天训练，就能以 100：0 击败此前击败李世石的 AlphaGo Lee，经过 21 天训练，就达到了击败柯洁的 AlphaGo Master 的水平。

AlphaGo Zero 从一张白纸状态开始，不受限于人类知识，仅仅依照围棋规则进行自我学习。在 AlphaGo Zero 开始学习的 3 天内，也就是在击败 AlphaGo Lee 之前，曾进行过 490 万次自我对弈练习。这一过程，AlphaGo Zero 不仅发现了人类数千年来已有的许多围棋策略，还设计出了人类玩家以前未知的策略——创造了人类未知的知识世界！

不仅如此，AlphaGo Zero 的深度神经网络（deep neural networks，DNN）所使用的"解题方法"越来越难以被人类理解。这是人们将深度神经网络学习称为"黑箱"的原因，人类知识未能覆盖这一领域，黑箱中的知识只有深度神经网络自己拥有。

这些情况表明，知识世界里出现了第二个智能物种，一个连人类都越来越难以理解的智能物种。或者说，出现了第二个知识世界，一个超出人类认知

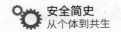
的知识世界。

或许有人会认为目前人工智能创造的知识世界还很简单，还只能解决特定问题，还显得很"弱"（被人类称为弱人工智能），但不要忘记，刚开始知识化时的智人更弱。人类从开始建立知识世界到构建农业文明花了 6 万年左右，而从农业文明进化到工业文明又花了近 9000 年。现在，站在历史的尺度上看，人工智能从深度神经网络学习被提出来才是刚刚发生的事，但它已经让一部分人类① 的生存状态与社会面貌发生了翻天覆地的变化。接下来，一旦人工智能从感知智能② 进化到认知智能③，人工智能的知识世界将远远超出人类认知。

当人工智能物种参与到人类个体、组织与知识的协同关系当中，创造和使用知识的门槛就被大大降低，这一现象带动了协同效率的大幅提升，使组织间的合作也变得更加容易，原来固化的组织逐渐松动，转化为协同网络。人类个体、人工智能与知识通过协同网络建立起共生生态，并在共生生态中与多个泛化组织实现协同。

举个例子。拥有人工智能算法的网约车平台，要让一个打车的需求被司机发现，门槛比传统的出租车模式低得多：司机不必空跑碰运气，只需在平台上接单，你也不必站到街上碰运气，只需在平台上发单。此处所谓的"单"，就是人工智能创造的知识。这类知识是由无数的乘客点击屏幕产生数据，由人工智能转化而成，再被广大的司机精准使用。司机、乘客、人工智能、知识形成共生生态，少一个都不成立。

在这种情况下，个体通过共生生态进行交易的成本变得低于传统企业组织的管理成本，大多数企业组织变得不再必要④，组织形式开始泛化，组织的

① 主要是指中国人和一些发达国家的部分人群。
② 感知智能即视觉、听觉、触觉等感知能力。感知智能可将物理世界的信号通过摄像头、麦克风或者其他传感器的硬件设备，借助语音识别、图像识别等深度学习技术，映射到知识世界。
③ 认知智能是指机器具备数据理解、知识表达、逻辑推理、自主学习的能力，拥有类似人类的智慧，具备各个行业领域专家的知识积累和运用的能力，甚至远远超越人类的智慧。
④ 诺贝经济学奖得主罗纳德·斯科在 1937 年的本科论文《企业的性质》中指出了企业存在的原因：当市场交易成本高于企业内部管理成本的时候，企业就出现了。所以，如果市场交易成本低于企业内部管理成本的时候，企业就该退场了。传统的出租车公司正是因此而被逐渐淘汰。

边界变得模糊，组织内的主体也不再只有人类个体，还有人工智能，组织的目的也由原来的长期静态目标变为场景化的动态目标。这些现象使组织逐渐"再组织化"，再组织化的"组织"不再是新生态中的重点。

　　新生态的重点是，人类个体、人工智能、知识三者是共生关系，如图 1.15 所示（想想看，缺了人工智能的网约车平台还能如何运作）。

　　这三者的共生关系一旦确立，历史就迎来了转折点，人类个体、人类组织与知识相互协同的协同时代，演变成人类个体、人工智能与知识相依共生的共生时代。

　　在共生时代，人工智能与知识会替代人类个体承受物理世界的某些风险，尤其是高风险，比如高空巡线、核反应堆巡查、火场消防、高空玻璃清洁等。

　　共生时代，人工智能在知识化的许多领域的表现甚至优于人类个体，这使得知识世界与物理世界的通道变得更宽，知识世界对物理世界的影响更加快速、深远。共生时代下知识世界与物理世界的关系中，增加了人工智能，如图 1.16 所示。

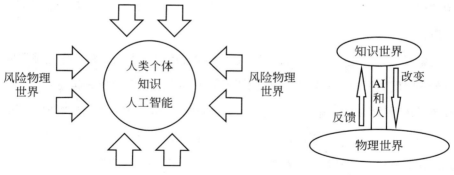

图 1.15　共生时代的特点　　　图 1.16　共生时代知识世界与物理世界的相互关系

　　7 万年之前，历史尚在孕育，那是蛮荒到连知识世界都不存在的个体时代。

　　7 万年前的某个时刻，历史的引擎突然启动，知识世界诞生，智人被知识化，知识化智人开始推动知识的生长与进化，因此而实现大规模协同合作，历史终于跨入协同时代。

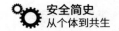

7 万年过去，历史被双引擎加速，从只有一个知识化物种的协同时代跨入了拥有两个知识化物种的共生时代。在共生时代，人类个体与人工智能紧密相依，通过新型基础设施将知识赋予万物，构建出万物互联、广泛共生的生态网络，使创造和使用知识的门槛被大大降低，知识的生长与进化被大大加速。

在人类历史上，还有 3 次深刻改变人类生存状态与社会面貌的革命，也加速了知识的生长与进化，分别是农业革命、工业革命[①]、信息革命。

农业革命为人类提供了稳定的食物来源，促成了一个从事宗教活动和国家统治的知识分子群体的形成。超出传统狩猎的食物基础将精英群体从劳动中"解放"出来，让他们获得了大量时间创造和使用知识，并培养更多的知识分子。

工业革命为人类提供了稳定的力量来源，促成了一个从事工业活动和科学研究的科研学者群体的形成。超出人力畜力的力量基础使科学研究从职业中"分支"出来，让他们获得了充足资金创造和使用知识，并培养更多的科研人员。

信息革命为人类提供了爆炸的信息来源，促成了一个从事网上活动和网络创作的网络用户群体的形成。超出纸媒印刷的技术基础使普通百姓从身份中"释放"出来，让他们获得了足够自由创造和使用知识，并培养更多的网络用户。

纵然如此，这 3 次革命都没有改变大时代特征，农业革命只是促成了知识分子阶层的形成，工业革命只是引发了科研人员职业化现象，信息革命只是释放了普通百姓的创造欲望与力量。三者虽然都形成了更多专门从事知识创造和使用的人群，加速了知识的生长与进化，但没能在知识世界里催生出完全不同的智能物种，也未能改变人类个体、人类组织与知识的协同关系。

所以，总的来说，历史上一共只发生过两次知识革命，分别诞生了知识化人类和知识化人工智能。于是，历史的概念与逻辑变得清晰：历史不是人类的历史，而是知识的历史，历史的发展是沿着知识的生长与进化的方向进行的，是沿着创造和使用知识门槛不断降低的方向前进的。

---

① 指 18 世纪 60 年代开始的机械化革命，19 世纪 70 年代开始的电气化革命，20 世纪 40 年代开始的自动化革命。

　　举个例子。红极一时的几大短视频平台，如快手、抖音，就极大地降低了知识创造和知识使用的门槛，从而获得了历史的青睐。尤其是在 COVID-19[①]疫情当中，短视频平台的新闻传播速度要远远高于微信公众号，为什么呢？因为短视频平台实现了人类个体、人工智能、知识的三者共生，创作者可以借着平台快速制作出动辄"100 万 +"点赞量的短视频，也许时间成本不到 30 分钟。而微信公众号（简称公号）上要创作一篇"10 万 +"阅读量的文章，需要创作者呕心沥血 4 小时以上，这是因为人工智能的缺席，导致门槛过高。门槛还不仅仅体现在时间成本上，短视频的制作不需要多么高深的文字功底，只要有快速的 4G 或 5G 网络和一个普通的智能手机，谁都可以，哪怕是文盲，也可能制作出精美绝伦的作品；而要成为一名优秀的公号作者，往往必须是多年经验的文字工作者，另外他 / 她还需要一台电脑！这还只是知识创造门槛的巨大差异，在知识使用上，短视频就更加直观、接地气，甚至不需要人识字。

　　在这样的历史逻辑之下，谁能培养更多的知识创造者和知识使用者，谁就能更好更快地发展；但这还不是最根本的逻辑，最根本的逻辑是：谁能有效降低知识创造和知识使用的门槛，谁就能更好地顺应历史，从而获得更大的势能。这一逻辑的揭示或许对今天的商业世界意义重大：要么提高人才的层次，要么用人工智能降低门槛，要么二者兼修。

　　总之，知识化才是历史的方向，也是历史前进的动力。安全生产管理的发展也必然沿着这个方向前进，它的驱动力正是知识化引擎。

---

① Coronavirus Disease 2019，简称 COVID-19，中文名为新型冠状病毒。

09

知识不足出错

随着知识的生长与进化，知识的载体也变得越来越复杂，它们被用来面对更加复杂的任务。比如运行一座核电站、驾驶一架飞机、盖一栋摩天大楼、建一座跨海大桥、做一台抢救手术。这些任务无不让人暴露在极其复杂的状况下。现代人与原始智人的大脑相比并没有明显的提升（脑容量甚至还减少了10%），但任务的复杂程度却是智人当初无法想象的。那为什么人们有时能胜任这些极其复杂的任务，有时却不能呢？

原因是，决定任务成败的，不是任务的绝对复杂程度，而是相对复杂程度。

换言之，成败取决于成功完成任务所需的知识化能力①与执行者知识化能力之间的匹配程度。

我小时候有一个极具诱惑力的梦想，就是亲自驾驶一辆摩托车奔驰，享受那种带风的速度操控感。

在高二的暑假，我终于等来了一个机会。那时候我的身高已经 1.75 米了，虽然很瘦，但我认为我的身高和体重足以应付一辆雅马哈越野型摩托车。我舅舅就有一辆这样的摩托车，每次看到它，我就认为它在召唤我。

那一次，刚好舅舅出了门，把摩托车留给了我，我便壮着胆子决定尝试

---

① 再帮大家巩固一下这个知识：知识化能力是指学习、创造和使用知识的能力。

一下。

为了安全，我和我表哥商量好，一起去驯服这头"野兽"，但是当时我们两人都没有经历过任何指导或训练。

我负责驾驶，表哥负责坐在后面提供意见，就这样，这辆大家伙被轰隆隆地开上了崎岖不平的山道。如同电视节目里的专业赛车手一般，我们无比兴奋。但兴奋不会提升我们的能力，我们当时并不清楚，面对这一相对复杂的任务，我们注定要失败。

在崎岖不平的山道上驾驶越野型摩托车，需要驾驶者对车、对道路、对车与道路的交互特点同时熟悉，这需要专门的知识，这种知识是从易到难的训练才能形成的经验。而我和表哥并没有，甚至也没人在一旁给予指导。

摩托车在被太阳暴晒后的砂砾上打了滑，就完全失控了。摩托车滑出去十多米远，我们两个人也被甩到地上打滚，额头、胳膊、膝盖、脚踝，到处都是伤口，疤痕至今犹在。

结果表明，哪怕我们再谨慎，我们当时的能力也不足以应对那项"复杂"的任务。

如果按照能力与任务的匹配度来分类，任务可以被划分为三类：

（1）知识型任务；

（2）规则型任务；

（3）技能型任务。

单人执行这三类任务时，其匹配程度与出错概率的关系如图 1.17 所示。

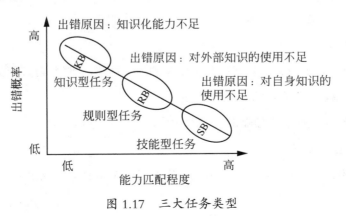

图 1.17　三大任务类型

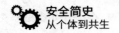

知识型任务的能力匹配程度最低，所以失败概率最高，超过 50% 是常态，原因就是知识化能力明显不足。

让一名从军才两天的无经验新兵驾驶战斗机参战、完全不懂法律的医生要面对一场医疗诉讼、普通市民在军事冲突中的应急撤离……这些都是典型的知识型任务场景。

作业人员违章作业时，由于放弃使用规程让他 / 她丢失了外部重要的知识援助，而单靠自己临场的能力来完成任务，导致能力匹配程度偏低，进入了出错概率较高的知识型任务之中，事故就有可能发生。

规则型任务的能力匹配程度适宜，所以失败概率较低，一般情况下，低于 1%。出错的情况一般是对规则的理解出现偏差，自身投入的能力不足以准确地调用外部的知识；或者是规则本身的知识出错。

技能型任务的能力匹配程度最高，所以失败概率最低，一般情况下，低于 0.1%。研究表明，获得一项新的技能其实就是建立起稳固的新的神经连接，有时还能形成"肌肉记忆"。这是能力在物理上的固化，出错概率极低。比如，一旦学会了用筷子吃饭，就算闭着眼睛也不会送入鼻孔里，同时还能思考其他问题。又比如，1000 多名受试者不记得早上起床爬起来的系列动作，但这一系列动作每天都在重复，几乎从不出错。诸如用筷子吃饭、起床的系列动作，都是典型的"肌肉记忆"行为，无须系统 2 的参与就能完成，属于技能型任务。

为了减少事故、避免作业人员出错，那是不是在安全生产管理中就应该尽量将任务类型定义为技能型呢？比如，将每一个作业人员都培训成为岗位能手，无须规程指引，即可胜任所有工作。这可行吗？

答案是：不行。

首先，培训所有人员掌握岗位所需的所有技能，其时间成本和资金成本都高到离谱，显然不可行。

其次，当任务相对复杂时，这种能力就难以培养出来。比如边吃饭边说话，就有可能会咬到自己。

阿图·葛文德（Atul Gawande）所著《清单革命》一书中举了一个相当

有说服力的例子。1935 年在俄亥俄州代顿的莱特机场，空军首席试飞员希尔少校驾驶 299 型轰炸机失速坠地，发生巨大爆炸，希尔少校遇难。事故最后查清，希尔少校忘记对升降舵和方向舵实施解锁了，原因是波音的新飞机"太过复杂，以致无法单人操控"。事故后，空军编制了一份飞行员检查清单。当使用这份看似"愚蠢"的检查清单后，飞行就立即变得安全了。

在面对超出飞行员能力的相对复杂工况时，一份看似"愚蠢"的清单却可以帮助解决问题，原因是看似"愚蠢"的清单承载着避免愚蠢错误的知识。

但是，驾驶波音 299 型轰炸机的希尔少校，是美军当时最优秀的飞行员，仍然逃不掉遇难的命运——这说明个人的能力是极其有限的，即使最优秀的飞行员也无法独自应对复杂的驾驶工况。

再者，与工具具有知识稳定性不同，人的能力是不稳定的，不能寄希望于靠人的技能应对各种任务。人在生病、药物刺激（如醉酒）、情绪波动、疲惫等诸多情况下，能力可能会上升，但更可能会急剧下降。

据《人民公安报·交通安全周刊》报道，2019 年上半年因酒驾醉驾导致死亡交通事故 1525 起，造成 1674 人死亡。酒驾醉驾之所以容易引发事故，就是因为在酒精的刺激下，大脑的能力大幅下降，不再能胜任驾驶任务。

所以，为了减少事故、避免作业人员出错，可在安全生产管理中将任务类型定义为技能型与规则型搭配的模式，即将相对简单的任务定义为技能型，将稍微复杂的任务定义为规则型，并辅之以工具。总之，要避免个人进入能力不足的知识型任务。

不过，就算知道了这些"大道理"，也可能毫无用处，因为人和动物一样都相当厌烦简单重复的技能型行为，对于新鲜事物总是抱有更大的热情。

哺乳动物和鸟类都对新鲜的事物非常好奇，为了生存，为了获得更多食物，它们都喜欢探索。探索本身又会对大脑中的下丘脑①带来刺激，让快乐的多巴胺分泌增加，这相当于系统 1 给探索行为发出的奖励。

《我们为什么不说话》的作者在伊利诺伊大学研究猪的时候发现，只要给

_____

① 下丘脑负责对性激素和食欲进行协调。

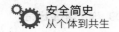

猪新玩具，不管这个新玩具是什么，它们马上就会抛弃旧玩具，冲向新玩具，哪怕这个新玩具不如旧玩具好玩。

在厌恶陈旧、喜欢探索这一点上，人类并没有太大的不同。所以，相比于简单重复的技能型行为或循规蹈矩的规则型行为，人类更喜欢充满刺激的知识型行为。

有一位农民工朋友曾经给我讲过一个"凌空取灰"的惊险故事。故事中两名主角是一家装修公司的员工，在 31 层给新楼安装空调，其中一个环节是在墙上打孔。为了不让打孔时产生的混凝土渣掉落砸伤路人，他们在没有脚手架、没有安全带的情况下，一人凌空悬在高空，另一人死死地拉住其手臂，顺利完成了任务。

人的能力是不稳定的，如果作业过程中，有一个人变得紧张了，又会如何呢？结果不敢想象。

事实上，如果 31 层的室外有牢固可靠的脚手架，或者室内有合格的安全带和挂点，他们就无须考虑是否会紧张，我们此时也不用担心他们的安危。

脚手架或安全带等安全防护工具在设计上本就已经考虑了诸多意外情况，它们在安全防护上的能力是稳定的，足以确保作业人员的安全。可是，在当时的作业场景中，两人都无法获得这些能力稳定的工具，他们的冒险行为也没有被人制止。企业在安全防护用具、安全生产管理配套上没有为他们提供必要的保障和后援，他们只能依靠一己之力，在多变的知识型任务中铤而走险，这正是一个时代的写照。

我是专业做安全生产研究的，但当我听到这个故事的时候，我的第一反应不是他俩违章作业了，而是那种"孤胆英雄"的本色深深地震撼了我。

在毫无保障与后援的情况下，一人可以把生命轻松地托付给另一人，而他也值得托付。在那一刻，他们俩孤立无援，但他们用最大的善意，完成了一件本来可以偷摸着不做的毫不起眼的知识型工作，而风险却高到随时要了他们的命。

这种甘愿孤军奋战、独自面对风险的状态，正是个体时代的鲜明特征。

　　像他们俩这样的个体，在中国有 3.91 亿位，而其中又有 2.88 亿农民工兄弟。这么大的数量，那么多的违章，能保证不出事故吗？答案显然是否定的。

　　但是，无论他们有多少违章，有多少出错，有多少事故，他们终究是城市的英雄，是企业的英雄，更是家人的英雄！

英雄式作业

虽说英雄莫问出处，但英雄的出处还是值得探究的。是什么造就了英雄式的作业？

英雄式作业，是个体时代的典型特征，冒险违章作业，缺乏组织后援，持续改进困难。想要改变这种状况，就要知道它的成因。

我们前面探讨了人类个体的脆弱性：由于系统 2 的偷懒，无意识状态下的单项问题出错和双项选择出错都很难靠自己独自避免；就算激活了系统 2，在知识不足的情况下，依然无法成功完成过于复杂的任务。

只有进入协同时代或者共生时代，人类个体的脆弱性才不会直面风险，才能走出英雄式作业的困局。

从历史发展逻辑上来看，当安全相关知识欠缺，尚未积累到足够实现大规模协同或共生时，"个体漠视风险、组织后援有限"的英雄式作业是必然存在的。

所以，究其根本，个体的脆弱性并不是英雄式违章作业盛行的根本原因，根本原因是以下两个：

第一个原因是安全相关知识的生长与进化需要经历很长的时间。

第二个原因是安全相关知识的使用需要一定的教育基础或技术条件。

先说第一个原因，安全相关知识的生长与进化需要经历很长的时间。

　　英国作为第一个开始工业革命的国家，1760 年左右就开始了工业革命，但 100 年之后，在 1851—1885 年的英国，居然每年平均至少还有 1000 人死于煤矿事故，煤矿百万吨死亡率一度高达 13.9！

　　在如此惨痛的事故数字下，安全知识世界不得不被系统性地创造出来。煤矿事故的成因被进行研究，一些之前未被注意到的因素被考虑进来，在矿道支撑、通风和卷扬等方面，新方法和新设备被使用。同时，法律法规逐步健全[①]，到 21 世纪，英国的煤矿才实现了连续零事故纪录——现在看起来是不错，但当初也是充斥着血的教训。

　　美国作为后起之秀，虽然如今已经成为安全生产的典范[②]，但就在 1968 年，美国法明顿市康苏尔煤矿还发生了瓦斯爆炸，死亡 78 人，在那之前，重大矿难事故也是频频发生[③]。

　　不过，美国人的安全知识世界做得很好。1970 年成立的美国职业安全与健康管理局（U.S. Occupational Safety and Health Administration, OSHA），除了执法检查外，还承担着制定标准、收集信息、教育培训、提供信息咨询服务、服务合作等职责。它为美国安全生产相关知识的生长与进化注入了力量，并形成了信息化载体。OSHA 还做了网站，信息资源也非常丰富，企业可以从中免费获得知识与知识服务。

　　也许是事故频发且惨烈，美国的安全科学领域也涌现出大量理论、思想和认知模式[④]。比如，1969 年瑟利提出 R-O-R 事故认知模型，海因里希出版了《工业事故预防》一书，系统安全分析或系统安全工程也开始发展。

---

① 从 19 世纪中叶开始，英国议会每隔 10 年就有关于煤矿安全的新立法颁布，这使煤矿事故的预防开始制度化。1974—1975 年英国分 3 批颁布了《劳动安全卫生法》的全部条款之后，英国的劳动安全制度成为各国借鉴的典范。
② 以《联邦职业安全与健康法》（1970 年）为基本法，以《联邦矿山安全与健康法》（1977 年）为特别法，以政府和行业标准及指令为补充的多层次的、多领域的职业安全与健康法律体系，让美国成为当今世界的安全生产典范。
③ 1952 年美国国会颁布的《联邦煤矿安全法》，就是为遏制频频发生的重大矿难事故出台的。
④ 在安全科学知识的发展上，《安全思想综述》的作者杰费里·麦金太尔将 1965—1975 年定义为美国安全科学发展"黄金十年"。

有了这些基础，发达国家也开始了安全学术研究[1]。这些情况表明，英、美等发达国家先于我们告别了惨淡的个体时代。

英、美等国蹒跚完成这一过程，花了 200 多年。而在此期间，相对中国来说，英、美等国具有更加稳定的社会基础。

在同一历史阶段，中国的日子不算好过。

旧民主主义革命时期和新民主主义革命时期等相继出现，中国虽然也断断续续积累了一些安全知识，颁布实施了许多法律法规[2]，但战乱之中知识的发展与进化遇到的不仅仅是挑战，甚至是丢失与退化。

战乱导致历史倒退，而稳定的社会基础才能促进知识的生长与进化，这是历史告诉我们的真理。

新中国成立后，我国安全管理也并非一帆风顺，《中国安全生产史》给出了总结：我国安全生产既有事故总量持续下降时期全生产形势基本稳定的时期，也出现过事故高发的严重局面，大致分为"三升三稳"，即"大跃进"时期、"文革"时期、1993—2002 年的事故高发上升 3 个阶段，新中国成立初期、"文革"结束后的一段时间、2003 年以内事故总量稳步下降 3 个阶段。

《中国安全生产史》是从现象上进行了总结，在此不做赘叙。

但值得特别注意的是，在 20 世纪五六十年代，那时的事故不叫"事故"，而叫作"牺牲"。那是一段"铁人精神"至上的峥嵘岁月，王进喜"宁可少活 20 年，拼命也要拿下大油田"的豪言，用 5 天 5 夜兑现；炼化人"手拉肩扛建催化"

---

[1] 20 世纪 80 年代，职业安全与卫生在美、英、法、德、日等主要工业发达国家成为产业，相关专业也在大学形成学科，一些高校还设立了相关教学与研究单位，如莫纳什大学的事故预防中心、伊利诺伊大学的安全健康科学系、俄克拉荷马大学的火灾与安全工程系等。与安全相关的国际学术杂志也开始兴起和趋于成熟，如《安全科学》(*Safety Science*)、《安全研究学报》(*Journal of Safety Research*)、《可靠性工程与系统安全》(*Reliability Engineering & System Safety*)。

[2] 清末民初时期实施了《大清矿务章程》《矿务铁路章程》《矿政调查局章程》《矿务暂行章程》《矿业条例》《暂行工厂规则》《煤矿爆发预防规则》等；南京国民政府时期实施了《矿业法》《工会法》《工厂法》《工厂检查法》《建筑法》等；中国共产党 1922 年发布了《劳动法案大纲》，中国共产党领导的民主政权发布了《劳动保护法》《劳动法草案》《中华苏维埃共和国劳动法》《晋西北工厂劳动暂行条例》《陕甘宁边区劳动保护条例（草案）》《苏皖边区保护工厂劳动暂行条例》《关于国民党统治区职工运动报告的决议》《关于中国职工运动当前任务的决议》《中国全国总工会章程》等。

的豪迈，用血肉之躯建起一座座高耸的蒸馏塔；工程兵"千山万水任调遣，英雄面前无难关"的豪情，用百余枯骨建起独库公路……

在那样特殊的岁月里，百年积弱，一穷二白，谈何安全？唯有舍生忘死的奋斗，才是更快摆脱落后局面的正确价值观。现在已经国富民强，人们的价值判断自然是完全不同了，这或许也是造成现在许多老企业一时"转不过弯来"的原因。但无论如何，那段英雄辈出的历史，值得我们永远铭记与歌颂。

我们仍然回到历史发展的逻辑上来讨论，即中国安全生产的知识化之路。

以下这几段文字其实仅仅是摆事实，看起来是无趣的，但读者们能从中看出心酸来。

先从法制之路开始回顾。在中国人民政治协商会议上通过的《中国人民政治协商会议共同纲领》中提出"实行工矿检查制度，以改造工矿的安全和卫生设备"。你没看错，就这么一句话。1954年，《中华人民共和国宪法》对安全生产做了相关规定。请注意，咱们是用《中华人民共和国宪法》来管安全生产，比英、美等国开始用法律来管安全生产的年份差不太多，也算是很不错的表现了。

1956年5月发布三大规程 [①]，1958—1966年，中间经历过波折，但也发布了几份标准和条例 [②]。1966—1976年安全生产立法再次停滞，1978—1991年期间，中共中央、国务院、卫生部、劳动人事部（人事部）、财政部、全国总工会等陆续发布多项安全相关制度、规定、行政法规等 [③]。这几十年的"安

[①] 三大规程是指国务院发布的《工厂安全卫生规程》《建筑安装工程安全技术规程》《工人职员伤亡事故报告规程》。

[②] 1958年卫生部、劳动部、中华全国总工会联合发布《工厂防止矽尘危害技术措施暂行办法》《矿山防止矽尘危害技术措施暂行办法》等。经历几年波折后，先后发布了《国营企业职工个人防护用品方法标准》《国务院关于加强企业生产中安全工作的几项规定》《工业企业设计卫生标准》等。

[③] 1978年中央发出了《中共中央关于认真做好劳动保护工作的通知》《国务院批准国家劳动局、卫生部关于加强厂矿企业防尘防毒工作的报告》，提出了"三同时制度"。1982年国务院发布《矿山安全条例》《矿山安全监察条例》《锅炉压力容器安全监察条例》等行政法规，1984年国务院发布《关于加强防尘防毒工作的决定》。1987年1月，卫生部、劳动人事部、财政部、全国总工会联合发布《职业病范围和职业病患者处理办法的规定》。1991年3月，国务院发布《企业职工伤亡事故报告和处理规定》。

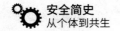
全立法"可谓乏善可陈，而且部门繁多、政出多门。总的来说，算是一段积累期，毕竟底子薄了一些，追求也不一样。

从 1992 年开始，国家正式启动了各项立法工作[①]，到 21 世纪，我国安全生产法制建设进入快车道，颁布实施了更多的法律、行政法规、部门规章和司法解释文件[②]。到 COVID-19 疫情肆虐时，中国的应急管理法治体系发挥了举世无双的作用，但也出现了种种不足，还需要进一步提升。

除了法律、主管部门和应急管理体系的成长外，我国的安全科学知识发展也有一些积累[③]，但我国的安全人才培养还存在较大提升空间。政府安全监

---

① 先后于 1992 年、1994 年、1996 年、1998 年出台了《中华人民共和国矿山安全法》《中华人民共和国劳动法》《中华人民共和国煤炭法》《中华人民共和国消防法》等相关法律。

② 分别是 2001 年《国务院关于特大安全事故行政责任追究的规定》，2002 年《中华人民共和国安全生产法》，2004 年《安全生产行业标准管理规定》《安全生产监督罚款管理暂行办法》《煤矿安全监察行政处罚办法》《煤矿安全生产基本条件规定》《煤矿安全评价导则》《煤矿安全生产许可证实施办法》《煤矿安全规程》，2006 年《安全生产领域违法违纪行为政纪处分暂行规定》，2007 年《安全生产检测检验机构管理规定》《生产安全事故报告和调查处理条例》《安全生产违法行为行政处罚办法》《安全生产事故隐患排查治理暂行规定》《中华人民共和国突发事件应对法》《最高人民法院、最高人民检察院关于办理危害矿山生产安全刑事案件具体应用法律若干问题的解释》《安全生产行政复议规定》，2008 年《中央企业安全生产监督管理暂行办法》，2009 年《生产安全事故应急预案管理办法》《生产安全事故信息报告和处置办法》，2010 年《安全生产行政处罚自由裁量适用规则试行》，2010 年《建设项目安全设施"三同时"监督管理暂行办法》，2011 年《生产安全事故报告和调查处理条例》罚款处罚暂行规定、《电力安全事故应急处置和调查处理条例》《最高人民法院关于进一步加强危害生产安全刑事案件审判工作的意见》，2013 年《国家安全监管总局印发关于生产安全事故调查处理中有关问题规定的通知》《生产经营单位安全培训规定》《注册安全工程师管理规定》《安全评价机构管理规定》《安全生产监管监察职责和行政执法责任追究的暂行规定》，2014 年《安全生产法》（第一次修订）、《安全生产许可证条例》，2020 年《安全生产法》（第二次修订）等。

③ 1984 年教育部将安全工程专业列入《高等学校工科专业目录》，1986 年部分高校设置了安全技术及工程专业学科硕士、博士学位，1997 年国务院学位委员会颁布了《授予博士、硕士学位和培养研究生的学科、专业目录》，2004 年中国安全生产科学研究院挂牌，全国高校设立安全工程本科专业超过一百个。2011 年 3 月 8 日，国务院学位委员会、教育部发布《学位授予和人才培养学科目录（2011 年）》，"安全科学与工程"被列为研究生教育一级学科。时任国家安全监管总局副局长孙华山指出，安全科学与工程列为一级学科，对于进一步推进安全学科专业发展，优化安全人才知识结构，加快培养高层次安全人才，缓解各行业安全人才紧缺矛盾，为促进全国安全生产状况实现根本好转提供人才支持和智力保障具有十分重要的意义。1997 年人事部、劳动部发布的《安全工程专业中、高级技术资格评审条件（试行）》，使安全工程系列专业技术人员职称评审取得突破，为职业安全人员培养注入了动力。

管（简称"安监"）人员培训大纲与考核标准、企业员工安全培训大纲与考核标准等都还没有出现，基层的安全教育还处于懵懂时期。

　　总的来说，安全生产管理情况复杂、多变，人们对其形成正确的认知和系统化的知识，并有效地加以使用，需要一个漫长的过程。中国虽然底子薄、曲折多，但只花了几十年就取得了显著的成绩。

　　以煤矿百万吨死亡率来看，1949 年高达 23.0，1953—1965 年仍高达 10.4，到 21 世纪开始才逐渐下降到 2.4（见表 1.4），相较于发达国家虽然仍处于较高死亡率水平（比如，2006 年我国的 2.04 相较于美国的 0.03，煤矿百万吨死亡率是其 68 倍[1]，2013 年我国的 0.293 仍是美国的 10 倍[2]，2018 年我国的 0.093 仍是美国的 3 倍[3]），但总体趋势是在不断改善的。

表 1.4　中国煤矿百万吨死亡率

时间	中国煤矿百万吨死亡率
1949 年	23.0
1953—1965 年	10.4
1966—1970 年	7.1
1971—1980 年	9.1
1981—1990 年	7.1
1991—2000 年	4.9
2001—2009 年	2.4

　　数据来源：亚瑟·麦基弗 2019 年发表在《医疗社会史研究》第 4 卷第 01 期第 3~12 页的《导言：历史和比较视阈下的煤炭开采、健康、伤残和身体》。

　　中国煤矿事故死亡率长期高于英国和美国，也说明还有提升空间，比如

---

① 数据来源：武汉大学张文杰博士论文《论安全生产的法治化》第 4 页。
② 2014 年 1 月 9 日国新办举行的新闻发布会上，时任国家煤矿安监局副局长宋元明介绍的数据。
③ 2019 年 1 月 19 日，全国煤矿安全生产工作会议公布数据。

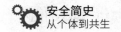

制度性问题^①、监管执行问题^②等。

不过，从英、美所经历的长期过程就能看出，要从个体时代步入协同时代，往往需要耗费百年以上的时间。中国当前存在的这些问题终将随着知识生长与进化被逐步解决。

接下来去说第二个原因。

---

① 毕业于湖南大学的张杰博士在其学位论文《安全生产法律制度实效评价研究》（2011年）中指出："通过分析实证研究结果后，得出以下结论：第一，我国安全生产法律法规建设存在诸多制度性问题。表现在：立法价值滞后于社会需求、安全生产法律法规执法主体过多、执法目标存在差异、安全监管标准缺乏稳定性、法律责任条款设计不合理，惩罚威慑具有不可置信性。第二，弱势群体（特别是以农民工为主体的煤炭从业者）的权利贫困是导致我国安全生产法律制度实效不佳的深层次社会原因。"

② 毕业于武汉大学的张文杰博士在其学位论文《论安全生产的法治化》（2013年）中指出："我国的安全生产法律制度也存在很多不足，这在与历史对比中也能有所体现。具体来说，我国尽管已经建立了比较完善的安全生产法律制度，但由于在立法上多直接借鉴外国法，导致制定出来的有的安全生产规章脱离实际，并不完全适我国具体的国情，缺乏可操作性，没有发挥应有的作用；不少安全生产法律存在互相矛盾和重复之处，影响了法律的权威性。许多生产经营单位负责人和从业人员安全生产法律意识和法制观念淡薄，对安全生产的重要性认识不足；各级政府和有关部门安全生产监管不力、执法不严，违法不究现象仍很普遍，导致安全生产形势依然严峻，重特大生产安全事故时有发生，给国家和广大人民群众的生命和财产安全造成严重的损害。此外，安全生产监管中还存在着严重的地方保护主义，这与安全生产法律制度的缺陷有一定的关系。"

从数据看现实

英雄式作业的第二个原因，是安全相关知识的创造和使用需要一定的教育基础或技术条件。

COVID-19 疫情暴发后，中国第一时间就将疫情的严重性向全世界告警，但美国媒体却起到了相反的教育作用。

当美国确诊病例数全球第一、接近 30 万时，一名被中国粉丝称为"崔娃"的美国脱口秀主持人特雷弗·诺亚在社交媒体油管（YouTube）上分享了一段视频合集，视频剪辑了 2 月美国暴发疫情以来，媒体宣称"新冠病毒就是普通感冒""比起感染新冠病毒，我更担心踩到海洛因针头"等言论。通过屏幕戏谑病毒，这是包括主流媒体和白宫在内的诸多美国权威人士干的事，还干了两个月，算是坑害式教育吧。病毒不懂政治呀，它们对人类的攻击是无差别的。

中国能迅速控制疫情，原因之一就是教育做得好。铺天盖地的短视频，好玩又轻松，近 14 亿人一夜之间就被教育到位。

知识是客观知识世界的知识，傲慢与偏见可能不利于它的传播。

疫情在美国造成的灾难证明，就算是西方发达国家的一众领导人也会犯下这种愚蠢的错误，更何况普通作业人员呢？

对此，"横竖线长短判断实验"已经给出了原因，人们在大多数情况下都处在系统 1 的精神世界，要靠系统 2 进入知识世界是件比较困难的事情。

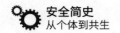

企业的安全生产管理也是如此，要想法子让人们在系统 1 的常态下减少错误，才是上上之策。

一种方法是帮助所有作业人员开启系统 3，用系统 3 来观察他们自己处在系统 1 的精神世界还是系统 2 的知识世界，用系统 3 来辨别他们自己是傲慢与偏见的非理性状态还是用事实说话的理性状态。这也许是可以做到的，不过需要一些时间和代价。

另一种方法更快更优，我们可以给人们提供不必深入思考即可使用的工具。如果人们一定要使用某些知识，他们更愿意使用承载了这些知识的工具，因为工具比知识本身更节省系统 2 的精力。

比如，如果我们必须使用一套明确的交通规则来避免十字路口的交通混乱，那么我们更愿意有一套红绿灯系统和违章摄像头系统，而不是让每一个人主动遵守一个口头规定（例如先到先过的规定）。不想憋尿的流水线工人更需要的是成人纸尿裤，而不是你告诉他 / 她少喝水。不想感染 COVID-19 的医护人员更愿意得到一身防护服，而不是政府告诉他 / 她要注意安全。

这个世界，"授人以渔"并不一定能解决问题，"授人以鱼"或许才是更好的方法。

可见，面对普罗大众，最好的办法不是教给他 / 她具体的知识，而是要给他 / 她实用的工具（工具是知识的载体）。这样做门槛更低、效率更高，对懒惰的系统 2 来说也更容易。

到目前为止，虽然我国已积累的安全知识还有待进一步生长与进化，但也基本能满足作业安全需求，然而英雄式作业依然盛行，违章现象还是屡禁不止，这在很大程度取决于安全知识本身得不到有效使用。

这首先与作业人员的受教育程度密切相关。

2019 年 10 月 15 日，腾讯新闻《为什么本科以上学历的人只占中国人口的 4%，但感觉遍地都是大学生？》报道：据统计，中国自 1977 年恢复高考以来，到 2017 年，我国的本科学历人数大概是 9000 万，2018 年高校毕业生人数约 834 万，2019 年约为 820 万。但我们的人口基数大，截至目前，我国人口总数近 14 亿。计算一下,中国本专科学历人数在总人口中占比为 7% 多一些,但其中本科生及以上学历人数约占 50%,也就是说,本科生人数一共有 5000 多万,接近于 4%,比例很小。

美国大学理事会就各国大学生比例在全球 16 个国家进行了一次调查评选,结果显示,在 25 ~ 64 岁的青壮年人口中,俄罗斯是 54%,加拿大是 48.3%,日本是 41%,美国是 40.3%。中国 15 ~ 59 岁的人口中,拥有大学学历的,只有 18%。

中华全国总工会于 2017 年 1 月至 8 月组织开展的第八次全国职工队伍状况调查显示,我国城镇职工与农民工总数达到 3.91 亿人。2019 年,国家统计局发布 2018 年农民工监测调查报告,中国拥有 2.88 亿农民工,平均年龄为 40.2 岁,其中 50 岁以上农民工占比只有 22.4%,大部分的农民工还很年轻,这意味着 50 岁以下的农民工占了 3.91 亿职工人数的 57%,即大约在 2030 年之前,受教育水平较低的农民工仍然是我国作业人员群体的主要参与者,即使到 2040 年,农民工仍然占作业人员群体的较大比例。

经过十多年的观察,坦白地说,我发现绝大部分农民工兄弟对创造知识和使用知识是力有不逮的,尤其是使用知识。

相比于使用知识,系统 1 更偏爱创造知识;系统 2 则天生懒惰,抗拒使用知识;系统 3 深藏不露,很少人唤醒过它,更别提参与知识的生长与进化。人性如此,更何况农民工兄弟?!

对于农民工兄弟来说,自身文化程度较低,学习机会偏少,知识使用的门槛偏高,这些都是客观存在的情况。

不仅如此,我国的学校安全教育起步也比较晚。2007 年 2 月 7 日教育部才颁布了《中小学公共安全教育指导纲要》,这是我国第一次在国家层面对中小学公共安全教育提出规范的要求[①]。按照年龄计算,2019 年统计到的 2.88 亿农民工几乎都缺失了学校安全教育的环节。

针对数量如此巨大、文化程度较低的农民工群体,如何做好安全教育培

①　邓美德论文《我国近十年来学校安全教育研究综述》(基础教育研究,2012 年)。

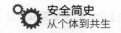
训和考核呢？

这一问题在 2020 年之前一直没有出现好的解决方案。直到 2020 年初，一款叫作"e 安盾"的手机 APP（应用）出现，它分行业、分岗位，采用幽默动画剧情的方式，专门为作业人员打造了成体系的视频课程体系。"e 安盾"的题库系统也采用了图片选择题和语音提示，大大降低了对用户的要求。

这类新型知识载体的出现，也是知识的生长与进化的结果。如果像"e 安盾"这类友好的知识使用平台能得到大规模推广，农民工群体的职业安全水平能得到有效提升。

再看安全监管人员层面。

至 2015 年，全国已经取得执业资格的注册安全工程师还只有 27.2 万人 [①]，之后每年获得资格的人数在 3 万左右，到 2020 年初，注册安全工程师人数不超过 40 万人，这些注册安全工程师分布在全国各个生产企业、各级政府安监执法部门、各行业协会、各安评机构等。相对于一个 4 亿的人员总数（包括 3.91 亿生产企业职工、政府和协会相关人员、安全机构服务人员），只有不到千分之一的人持有注册安全工程师证书（简称注安证）。

在如此巨大的基数上，我们假定这些持证人员是均匀分布在企业、政府、协会、机构之中的。在没有对政府安监人员提出持注安证要求的前提下，政府安监人员持注安证比例也不会超过平均数（对企业有这个要求），即千分之一，这意味着全国约 60 万安监人员中，只有大约 600 人持注安证。

这是一个很难看的数字，它说明即使到了 2020 年初，绝大多数政府安监人员还没有拿到注册安全工程师的证书。

注册安全工程师的资格只能算是进行安全监管的基本要求，如果再加上必要的宏观规划能力、安全生产管理经验、基本的领导力素养和执法素养，绝大部分安监人员还是难以达到要求的。那政府安监人员如何使用好数量庞大、日益健全的安全生产法律体系？如何行使好神圣的安监职责呢？恐怕是心有余而力不足。前面也提到了，针对安监人员的培训大纲和考核标准目前也还没有

---

① 孙安弟论文《对注册安全工程师制度建设的建议》（劳动保护，2018 年）。

建立。

最后来看技术条件，看承载着知识的工具发展到了什么水平。

熟悉作业现场的人都知道，最极端的情况是之前提到的"凌空取灰"场景，作业人员几乎没有安全工具可以使用。更普遍的情况是，作业人员还没有太多的智能工具可以使用。

反观人工智能在安监、安防领域的落地，人工智能不是被用来帮助作业人员使用知识，而是被用来监视人们的行为。许多人工智能高科技公司不知原委，对此乐此不疲，以为这就是安全生产智能化时代给他们的发展机遇，而一些安监人员也认为这就是"智慧安监"。事实上，这是违反"协同""共生"趋势的做法。

在所谓的"智慧安监"环境下，作业人员不但得不到组织的保护，反而面临更大受罚概率。

英雄式作业在"智慧安监"面前，连尊严都将逐渐丧失。

为了彻底改变英雄式作业的状况，减少冒险违章的现象，企业应加快步伐，迈向协同时代，甚至共生时代，至少，把"e安盾"APP这类简单实用的工具先用起来。

12

历史的跳跃

曾几何时，生产企业的安全监督管理部门还是号称最清闲的"养老部门"，后来一跃变成了最辛苦的一线部门。

"说起来重要，做起来次要，忙起来不要。"

以前的"安全"，就是这样一个尴尬的地位。

从 2014 年《中华人民共和国安全生产法》修订以来，各工贸厂矿行业的生产企业安全部门立即变得不再那么尴尬。

一名电厂的安全总监直言，他所在电厂的安健环部（安全/健康/环境部门）以前只是一个边缘部门，那些提前进入养老状态的中老年员工，以及图安稳"混日子"的女性家属，找找关系就有可能被"安置"到安健环部。但这种"好事"，一夜之间退出了历史舞台。

事实的确如此，在生命和民生越来越被重视的大时代背景下，安全越来越成为更多人共同的追求。随着相关法规、条例的颁布与更新，企业的安全监督管理部门突然就告别了"养老部门"的边缘地位，部门一把手开始由来自生产一线的年轻领导担纲，原来被视为清闲的安全岗位，骤然之间就变得繁忙和辛苦。

有些工贸厂矿企业甚至将安全总监岗位纳入厂级领导班子，厂长岗位优先从安全总监中选拔。

这些突变是历史的巨大进步，也是国家和人民之幸，它促进了安全生产管理的大幅提升，事故数量大幅减少，无数一线作业人员因此而受益。

全国安全生产电视电话会议指出，全国生产安全事故死亡人数从 2015 年的 6.6 万人，降至 2016 年的 4.1 万人，降幅达到 38%！而且 2017 年和 2018 年仍在稳步下降。从 2002 年到 2015 年，虽然每年都在稳步下降，但每年基本都不会超过 10% 的降幅。

然而即便如此，仍不是质的飞跃。

新锐领导虽然干劲十足，也熟悉生产，但他们带领的安全监督管理部门仍然只是众多"部落"（企业内各部门之间存在互相对抗的"部落效应"，因此各个部门也被称为"部落"）中的一个，企业对安全监督管理部门的定位与职责分工，促使领导和安全员们同样扮演着英雄般的悲情角色。

如果说 20 世纪的王进喜们是"铁血英雄"，那么现在的生产领导和安全员们就是"孤胆英雄"。铁血英雄头顶时代主流价值观的光辉，而孤胆英雄却没有那般幸福。

2019 年 3 月 21 日，江苏响水天嘉宜化工有限公司发生了特别重大爆炸事故，11 月出炉的事故调查报告显示：上至副省长下至安全员，响水"3·21"事故中 107 人被追责，其中就有天嘉宜化工有限公司的 7 名安全员（包括安全科科长、安全员、安全助理），全部被追刑责。而在事故发生前，该企业还在招聘安全员，月薪仅 3000 元！

区区 3000 元，就可以招纳一批英雄，也可以毁掉他们。类似的案例不胜枚举。

看起来，企业生产领导和安全员们是企业的管理者，拥有追责惩罚大权，事实上，他们在企业安全生产管理中同样被"环境挤压效应"所裹挟，孤立无援、有心无力，与一线作业人员一样，同样是"孤胆英雄"般的存在。

2019 年 7 月 19 日，河南义马气化厂发生"7·19"爆炸事故，死亡 15 人，重伤 15 人，引起全社会高度重视。在之后的 2 天，即 7 月 21 日，我在"汤三藏"公众号上发起了一个伦理调查，100 人参加，调查问题与结果如下。

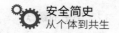
（1）每周平均用于应对检查、上报，耗费在文件准备、接待、汇报上的时长是多少？（单选）

答案：

2 小时以下（5%）

2 小时～1 工作日（28%）

1 工作日～2 工作日（29%）

2 工作日以上（38%）。

（2）每周在现场进行检查的时长？（单选）

答案：

2 小时以下（30%）

2 小时～1 工作日（31%）

1 工作日～2 工作日（18%）

2 工作日以上（21%）

为什么企业管理者会客观上花更多时间在办公室"文书"工作中，而减少去作业现场进行安全生产管理呢？

可能正是他们的系统 1 会在以下两个选项中快速决策。

选项 A（确定的损失）：少花时间准备汇报文书，多花时间在作业现场。要么被批评或形成不利影响，要么晚上多加班。

选项 B（风险）：多花时间准备汇报文书，少花时间在作业现场进行安全生产管理。不一定会正好出事故，而且，就算是 7 天 ×24 小时都在作业现场，也不能覆盖所有作业和所有人员，风险总是存在。

显然，选 B 至少可以避免确定的、近在咫尺的损失。

选 A 还是选 B，对于企业管理者来说，几乎不必思考，这正是系统 1 的奇妙之处。但正是因为如此，安全生产管理的负担越来越重，安全生产的风险却不见减小，一旦事故发生，企业管理者成了"理所当然"的责任人，不会有后援团为之"申冤"。

所以无论怎么看，企业管理者都是孤胆英雄式的存在，是这个时代当之无愧的英雄！

　　虽然企业管理者时常在作业现场监管着作业人员，作业人员也在现场"躲避"着监管，但这两者从某种意义上来说，同被环境挤压效应裹挟，成为一对相爱相杀的时代英雄。

　　但回顾过去，历史总是跳跃式发展的，未来也将是。

　　英雄的时代终将完结。

　　站在历史的长河中，综合国内外状况和人工智能革命，我认为，企业安全生产管理至少会历经以下三个截然不同的发展阶段，如图 1.18 所示，它们分别是：

　　第一阶段，个体时代；

　　第二阶段，协同时代；

　　第三阶段，共生时代。

　　三个阶段逐次递进，代表了安全生产管理水平的不断提升。

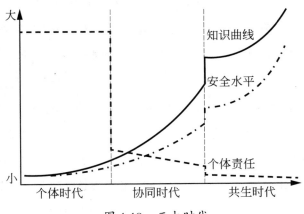

图 1.18　三大时代

　　在个体时代，安全知识世界尚未成形，作业人员被暴露在复杂的物理世界环境当中，其无意识的出错不但得不到组织有力的防护，出错的原因还正好与组织环境的挤压相关。由于组织能提供的后援有限，知识进化缓慢导致的使用门槛过高，作业人员遇到疑问时多以个人临场决策为主，生产管理领导也面临类似情况。因缺乏后援、缺乏工具，人们常常陷入能力不足的知识型任务之

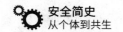

中，承担不可承受之风险，这些风险不仅仅来自作业本身，还有可能来自"事后审判"。在这一阶段，生产作业处于监管模式之下，用"生命"进行付出的个体承担了几乎所有的安全生产责任。因这一时期与智人崛起之前惨淡的个体时代相似，故称为"个体时代"。个体往往具有悲壮的孤胆英雄色彩，也可以称为"英雄时代"。

在协同时代，安全知识世界已经成熟，作业人员协同安全知识高效管理物理世界的风险，个体"翻身"做主成了安全生产的管理者，得以支撑起组织的持续改进和知识的生长与进化。组织作为个体的后援，承担了几乎全部的安全责任，并通过各种知识类工具 [1] 的使用，帮助脆弱的个体减少错误。知识在组织搭建的信息系统和流程上生长、进化，个体通过协同这些知识进行决策和知识创造，组织因此变成了以信息知识化、文件知识化、行为知识化为主要特征的有机生命体，即知识化组织。知识化组织的健康状况，则可以由几个简单客观的指标一目了然地展现出来。在这一阶段，生产作业处于互助模式之下，作业人员个体、组织、知识三者互相协同，故称为"协同时代"。

在共生时代，安全知识世界在线赋能，作业人员与人工智能相互依靠共同管理物理世界的风险，人工智能成为另一个智能知识化物种，它代替作业人员执行高风险任务，或作为智能工具帮助作业人员避免出错。在人工智能的帮助下，作业人员个体可以不必属于任何组织。组织的边界变得模糊，组织内的主体也不再只有人类个体，还有人工智能，组织因此逐渐泛化成为在线知识平台。在统一的平台上，知识的创造速度空前加快，知识的使用门槛不复存在，知识的生长与进化指数级上升。当安全知识极度发达之时，人类个体、人工智能与安全知识建立起共生生态，成长为全新的超级生命体，人类个体得以游戏其中，不安全行为导致的人因事故销声匿迹。在这一阶段，生产作业处于智能模式之下，作业人员个体、人工智能、知识三者相依共生，故称为"共生时代"。

在欧依安盾从事安全生产技术研究的数年间，我有幸受邀参加过多个行

---

① 知识类工具是指防人因失误工具、评估技术、根本原因分析工具、风险预控工具、观察指导工具、规程等，后文详述。

业的大型央企、大型国企和上市民企的生产早会、季度安委会和年度安全总监会，会议主要以设备缺陷、已发生的事故／事件、管理层安全检查情况、工作计划为讨论的基础，这些会议材料的数据量甚至还远未达到人为处理能力的上限。不仅数据量少，数据品类也不足，比如缺少不安全行为等健康指标[①] 数据。在数据量少、数据品类不足的情况下，企业形成一种"知识静化"的现象，即企业决策者对现场的了解是静态的，是停留在过去的，是印象式的。

知识静化给企业有效决策造成困难，决策者在会议上只能凭借个体的知识进行决策——他们得不到知识世界的支持。

这种决策越是困难，其成本也越是高昂，决策发生的频度也就越是低下。

比如，《运行规程》《管理制度》每年才改版一次，或者到了不得不修改的时候数年才修改一次。这导致整个企业的安全生产管理持续处于低水平重复状态，就像知识化之前的智人时期一般。

而在作业现场，因没有及时更新的指导文件和专家系统的支持，在环境挤压效应下，当发生不确定的状况时，作业人员通常凭个人的理解进行试错，承担决策的所有风险与责任。

这些状况表明，当前中国大部分生产企业的安全生产管理都还处于典型的个体时代。

我在"安全总监堂""安全精英之家"这两个微信群进行了一个调查：

当我们提到安全生产管理时，你心中如果出现了一个安全管理者的模糊形象，那首先出现的这个模糊形象是谁？

A. 安全员

B. 领导

C. 一线作业人员

调查显示，参加答题的 11 位企业领导和安全专家中只有 1 人经过审慎思考选了 C（一线作业人员），7 人（63.6%）选了 B（领导），3 人（27.3%）选

---

① 健康指标是用来评价组织健康状况的量化综合评估指标体系。

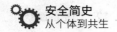
了 A（安全员）。

参与答题的人员是来自中石油、中海油、电网、化工、安全评价机构、食品制造、钢铁冶炼、电子制造、政府应急管理部门等行业或政府部门的高管或安全专员，他们在企业安全生产管理上有很大的发言权，都是英雄。

其中一位选了 B 选项的领导向我反馈了他的安全生产管理经验：

"安全生产管理"必然会有人付出，做恶人，对违反规定的严惩不贷。咱到一线打得过、嗓门大、专业更让他们服。管安全的就得霸气，有威慑力。十几年了，我管的属地没有发生过任何事故（工作内），这种管理需要付出很多的。

当我接着问道："如果您的岗位换成一般能力的另外一个人，也能确保做到您目前的成绩吗？"他坦诚地答道："这是不可能的。"

我敬这位领导是一位英雄。

不过，这个调查也从另一个侧面说明，大多数企业还处在个体特征明显的时代。

历史虽已行至工业能量充斥于环境之际，人类生理却停留在允许犯错的石器记忆当中，犯错之时不自知本属平常，无奈能量剧增常常给人致命一击。

知识的进化本可弥补生理的不足，但中国安全生产史尚短，安全知识世界尚不完善，组织知识化能力依然不足，人员教育水平欠佳，技术条件也未成熟，致使英雄式作业成为常态，安全生产被迫停留在事故频发、当事人受罚的个体时代。

站在个体时代的漩涡中，无论是企业管理者，还是现场作业人员，都显得势单力薄、力不从心，又可歌可泣、可悲可怜。正如下面这首小诗所描绘的画面：

> 前线炮火纵连天，后方支援却不见。
>
> 宝贵生命愿托付，孤胆英雄甘冒险。

这样的画面我不忍直视，我希望看到的画面是全员安全管理：所有个体不再各自为战，而是连成一张"大网"，以大网之力共同应对风险、管理安全，个体成为大网的"节点"。任何一个新节点的加入，都让已有的节点和大网的能量得到扩张。"所有的你，都让我变得更强，所有的我，都让你变得更加有效。"这是一张全面平等的大网，在安全管理的组织架构里，发号施令的中心实际上被解构了，每一个普通的作业人员，与他们的领导划时代地拥有了平等的地位——每一个个体都很重要，他们都是安全管理者，他们的每一个声音都面向全网，具有改进企业的力量。

可是，这样的大网如何构建呢？这是摆在我们面前的时代大命题。

二、协同时代

当知识世界进化到一定程度，开始承认人类个体犯错不可避免，转而在组织与知识协同上做文章。通过重新确定个体、组织与知识的角色与关系，构建知识进化机制，使组织获得持续改进的能力，而人类个体不再成为事故的主角。

这种情况下，个体犯错是允许发生的，但知识化工具使组织不放过从错误中学习改进的任何机会，从而避免事故发生，安全水平和生产绩效大幅提升，安全生产进入和谐的协同时代。

13

知 识 协 同

阿里巴巴集团学术委员会主席、总参谋长曾鸣被认为是阿里最重要的人之一，他在其自己的著作《智能商业》中提到："就像我们的人类社会，这么多年以来，个体大脑的进化程度十分有限，但社会协同能力却迅猛发展，一日千里。所以，所谓的人类文明，最关键的并不是每一个个体，而是整个社会日益增强的协同能力。"

协同能力可以在一套协同工具及协同规则之下大幅提升。

大家所熟悉的快手、抖音 APP 就是典型的协同工具。借着手机软件（application, APP）的平台资源，在平台规则之下，一个普通人就可以创作出魔幻的短视频，吸引无数的点赞和评论，形成跨越时间与空间的，集平台工程师团队、音乐创作者、视频拍摄者、视频表演者等于一体的大型协同工作场景。在以前需要一个大型专业的电影制作团队才能完成的任务，借助一个 APP，现在一个普通人即可自主完成，甚至效果还优于以前的电影制作水准。

在协同工具的帮助下，个人能够完成专业团队才能完成的任务，非专业团队可以制作专业团队才能实现的作品，小公司可以在某一特定领域战胜大公司，就像被赋予了某种能力一般，超出人们的想象。与此同时，人们完全不需要知道这些工具的背后运用了哪些知识。

现代安全生产管理有各式各样的协同工具和协同规则，如安全生产标准化、NOSA 五星综合管理系统、OHSAS18001 标准、ISO45001、HuP 人员绩效管理体系、精益安全、六西格玛等，都是优秀的管理工具和协同规则。这些工具和规则各有特色，本质都是起到了协同的作用。

比如，我国于 2011 年 5 月 6 日就由国务院安委会下发了《国务院安委会关于深入开展企业安全生产标准化建设的指导意见》（安委〔2011〕4 号），要求全面推进企业安全生产标准化建设，在之后的数年间，全国各生产企业也基本都在形式上完成了"安全生产标准化"资格评定。"安全生产标准化"包括 13 个方面的内容[①]，如果使用得当，将实现企业全员协同，大大提升组织的安全生产管理能力。

NOSA 五星综合管理系统[②]（以下简称"NOSA 五星管理"）来自南非，被认为是世界上具有重要影响并被广泛认可和采用的一种企业综合安全风险管理系统。NOSA 五星管理的特点是专门针对人身安全而设计，强调人性化管理和持续改进的理念。不同于以往的 ISO 标准体系更注重结果，NOSA 五星管理强调的是过程，因此在操作上更具有"人性化"，以实现全员全过程协同。

那么协同是因为协同了什么特别的要素而使得组织能力得到提升的呢？

7-11 是世界范围内最成功的便利店巨头，在全球运营超过 7 万家夫妻店，尽管这些夫妻店绝大部分都不属于 7-11 公司，但 7-11 夫妻店的日均销售额却能远远超出其他品牌便利店，单店效益世界第一，是中国同行业品牌门店的 10 倍。

7-11 的人均利润达到 100 多万人民币，甚至一度超过了阿里这种高科技公司的水平，秘诀是什么呢？

---

① 安全生产标准化包括 13 个方面的内容：目标、组织机构和职责、安全生产投入、法律法规与安全生产管理制度、教育培训、生产设备设施、作业安全、隐患排查和治理、重大危险源监控、职业健康、应急救援、事故的报告和调查处理、绩效评定和持续改进。

② NOSA 全称为 National Occupational Safety Association，即南非国家职业安全协会，成立于 1951 年 4 月 11 日。NOSA 五星管理是 NOSA 于 1951 年创建的职业安全卫生管理体系。在国际上 2000 多个公司推行后，NOSA 五星管理验证了其在减少人员伤亡、减少职业病和其他损失等方面是非常有效和成功的。

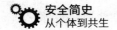

事实上，除了这些夫妻店不属于 7-11 外，配送员、物流公司、批发商（配送中心）也都不属于 7-11，但 7-11 能做到大部分夫妻店的商品每天更换至少 3 次，多则达到 7 次，以确保食品的新鲜度和需求匹配度，以实现每一家店在其特定的营业地点与特定的营业时间段内的精准便民服务。其秘诀是 7-11、夫妻店、物流公司、批发商以及其他资源之间的精准协同。

那么他们彼此在协同什么呢？

7-11 本质上是一家大数据公司，它用大数据创造运营知识，指导批发商、物流公司和夫妻店进行配送和销售，批发商、物流公司、夫妻店作为配送与销售网络上的节点，只需要使用这些知识即可。从这个意义上来讲，7-11 是将自己的运营知识同时赋能给了批发商、物流公司和夫妻店，让他们实现高精度协同工作。

不仅如此，7-11 使用的大数据管理系统来自另外的软件供应商，该软件供应商通过将这套系统交付给 7-11 而将自己的软件知识赋能给 7-11。软件供应商也并非大数据管理系统知识的终极来源，他们的软件工程师来自世界上不同的国家或地区，他们的设备同样来自世界上不同的国家或地区，这些软件工程师以及发明、制造这些设备的人们，也将他们的专业知识赋能给了软件供应商，如此追溯上去，知识通过人、设备（工具）、规则不断地传递和赋予下游的使用者。同样，夫妻店的夫妻使用的所有设备，背后都有人提供知识。物流公司、批发商所使用的各种设备也同样是别人创造的，当他们在使用车辆时，他们就使用了有关车辆的知识，而无需自己重新发明车辆。并且，车辆行驶所遵循的道路交通规则背后，也同样是别人创造的专业知识。7-11 与夫妻店、物流公司、批发商之间的合作是由律师事务所提供的协议助力完成的，这些协议同样被律师们创造的知识赋能……如此穷举下去，必然发现，7-11 为了卖出去一个商品，需要协同使用知识世界中很大一部分已形成的知识。

知识世界的历史其实就是知识的生长、进化及其在更多维度上进行协同的过程。

在表现形式上，协同的对象可以是人，可以是工具，可以是规则，可以是故事，但本质上，协同的对象是知识。

人们编写规则、规章、规程，在其中倾注知识，以防止事故发生。

遵守规程就意味着协同了编写者们的知识。

相对地，违章或干脆不使用规程，就意味着放弃使用编写者们的知识，靠自己的知识孤军奋战。如果稍微发生一个意外，就可能进入复杂的知识型任务，违章者的知识就可能不足以应对，从而引发惨痛的事故。

管理大师彼得·圣吉在《第五项修炼》中讲了这样一个故事：

在一个初春的日子，彼得·圣吉一行人到郊外划船。突然，一个年轻人掉进了水中，并落入瀑布下面的漩涡之中。当时水很冷，如果几分钟之内游不出去，他将因身体热量耗尽而亡。年轻人下意识地向下游游动，想逃离漩涡，但每游出一点都会被漩涡重新吸回。漩涡没有将他吸入底部，他也未能逃脱漩涡。终于，僵持数分钟后，年轻人耗尽热量与体能，最后沉没。几秒钟后，他的尸体被漩涡推到了下游并浮了上来。

在他生命最后一刻尝试去做而徒劳无功的，水流却在他死之后几秒之内为他完成了。有讽刺意味的是，杀死他的正是他的奋力抗争。他不知道唯一有效的对策是与直觉相悖的，如果他顺着回流潜下，他应该可以保住性命。

年轻人在生前竭尽全力都办不到的事，却在死后旋即实现。为什么呢？

这就涉及漩涡的物理知识。由于地球自西向东的自转，物体在地球表面运动时可能形成自转偏向力。垂直于地球纬线运动的物体，受到地球自转线速度的影响，会产生惯性偏向。在北半球，物体从南向北运动，物体由于惯性就向东偏向，相对运动方向来说就是向右。所以，北半球的漩涡都是逆时针的；同理，南半球的漩涡都是顺时针的。在这个星球上，除了赤道，随处都可形成漩涡。漩涡是两股能量相互接触时互相吸引而缠绕在一起形成的螺旋状合流，合流在漩涡平面轴线方向形成一进一出的"漏斗"。在"漏斗"入口处，合流被吸入，相当于黑洞，除非超过其逃逸速度，否则必定被吸入；在"漏斗"出口处，合流被喷出，相当于"宇宙大爆炸"——产生时间与生命的地方。

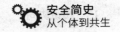

如果这个年轻人懂得上面的知识，他就有机会活下来！

不过，"漩涡事故"并没有白白发生，它让人们学习到知识，并将其写入了《第五项修炼》，写入本书，以及其他众多读物，甚至在漩涡边可能会有管理者树立起"指示牌"——这些做法正是我们该对待事故的态度：理解事故发生的原因，形成新的知识，并将它载入工具（含规则）之中供人使用。

14

活 性 组 织

在 2019 年 8 月华润大学课堂上组织的一个"萝卜蹲比赛"实验中，18 名学员分为 3 个组，每组 6 人，按要求完成萝卜蹲比赛。比赛中，每组的 6 名学员必须动作一致、语言一致。如第 1 组萝卜蹲的时候，6 人伴随着 4 次下蹲与起立（4 次为 1 轮），一同高喊"萝卜蹲，萝卜蹲，1 组蹲完 3 组蹲"。之后第 3 组应立即响应，同样的 1 轮下蹲与起立，指定另外两组中的一组接续。如果有哪一组出错，则记录一次错误后比赛重新开始。

结果显示，整个比赛一共进行了 63 轮萝卜蹲，其中第 1 组 29 轮，第 2 组 5 轮，第 3 组 29 轮。第 1 组与第 3 组零错误，第 2 组 4 次出错，即第 2 组有 80% 的出错率。

究其原因，是第 1 组与第 3 组使用了统一的规则，而第 2 组内部没有完全形成规则。

2019 年 12 月 12 日，我在宁波办公室请同事小胡、小亓、小卢和小徐做了一个"个人萝卜蹲实验"。小胡、小亓、小卢和小徐 4 个人分别被定义为不同颜色的萝卜——胡萝卜、白萝卜、红萝卜、黄萝卜。实验开始前，他们花了 1 分钟练习，以记住各自的颜色。实验共进行了 87 秒钟，其中胡萝卜、白萝卜、红萝卜、黄萝卜分别进行了 6 轮、6 轮、5 轮、7 轮萝卜蹲，最后以黄萝卜失败结束。胡萝卜、白萝卜、红萝卜零错误，黄萝卜有 1/7 的出错率。

　　两次实验结果对比发现，规则不统一的组织，出错的概率要高于个体，同样也高于规则统一的组织。当任务复杂到需要多人在不同环节、不同场景进行配合时，个体技能不再是成功的关键，组织能力才是。

　　在阿图·葛文德（Atul Gawande）所著《清单革命》一书中，讲述了一个故事，故事中，阿尔卑斯山下一家小型医院，救活了一位因溺水而进了鬼门关两小时的小女孩。他们怎么做到的呢？

　　直升机将孩子火速送往附近的医院。一路上，急救人员不停地按压女孩的胸腔。与此同时，医院的外科小组已经开始准备手术。等直升机一到，女孩就被推进了手术室，外科小组以最快的速度为孩子接上人工心肺机。外科医生将孩子右侧腹股沟的皮肤切开，将一根硅胶导管插入股动脉，让血液流入机器，并把另一根导管插入股静脉，再将氧合后的血液送回体内。一位体外循环灌注师打开人工心肺机的血泵，调整氧含量、温度和流量等参数。直到一切就绪后，急救人员才停止按压女孩的胸腔，因为她的心脏重新开始跳动。整个过程，耗时一个半小时。

　　这个故事之所以这么有吸引力，原因是这家小型医院为了挽救这个小女孩的生命，整个组织默契配合，像一个人一样工作。"数十位医护人员要正确实施数千个治疗步骤，比如在插入血泵导管的时候不能把气泡注入病人的体内，要时刻保证各种导管、女孩敞开的胸腔以及她与外界接触的脑脊髓液不被细菌感染，他们还要启动一堆难伺候的设备，并让它们维持正常运转。上面提到的每一步都很困难，而要将这些步骤按照正确的顺序、一个不落地做好更是难上加难。在整个过程中，医护人员没有太多自由发挥的余地。"之所以能救活这个小姑娘，并不是凭借哪位医生或者护士的高超技能，而是整个组织在规程的指引下，成为一个整体进行运作，缺了哪一个部分都不行。也就是说，一份两千多个步骤的规程，让医院形成了组织能力。在规程的指引下，整个组织里的所有个体不再是各自为战，而是成为组织的细胞，整个组织成为完成任务的活的生命体。

　　因此，组织面临的任务形式也不是知识型、规则型和技能型这 3 种，而是两类：无规则型任务（知识型任务）与规则型任务，如图 2.1 所示。

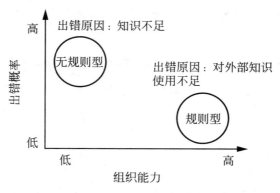

图 2.1　组织面临的任务类型

对于组织而言，在规则型任务中，不同个体通过规则的指引被协同，形成组织能力，出错概率低。如果出错，原因可能是任务要求的知识过多，而组织没有借用外部知识；而在非规则型任务中，不同个体没有被指引到同一个方向，无法形成组织能力，出错概率高。

所以我们可以得出结论，在企业管理中，对于需要多人配合的任务，应尽量将其定义为规则型任务，让它形成组织能力，这可以帮助组织将犯错概率降到最低。

不过，如果一个组织仅仅是按照统一的规则来执行"萝卜蹲"，那么这个组织虽然看起来是在协同，却难免有些机械化，如同一套没有生命的工具。

组织必须具有"生命"，要"新陈代谢"，协同才能持续——这叫"活性组织"，也称为"知识化组织"。

2015 年我在美国佐治亚州的南方核电旗下 Vogtle 核电厂访学时，这座电站已经运行了将近 40 年之久。按理说，这是一座相当"成熟"的电厂，它的规程应该早已完全固化下来了，但事实并非如此。

Vogtle 电厂运行部负责规程的约翰·博斯（John Bowls）经理给我展示了他们的先进管理理念：规程不仅仅能指导作业的过程安全和过程正确，它

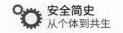
还是 OE[①] 的载体。规程作为 OE 载体，全公司所有员工、全行业所有事件所积累的经验，都可以由它来承载。所以，OE 就是知识，对安全生产最有用的知识。

他们也是这么做的。电厂数千份规程几乎每一份每年都会有数次更新，因为电厂总是在变化，总是在积累经验。比如，老员工调走、新成员加入，设备与技术更新、进步，电厂内外部发生的各种事件，这些新情况必须及时反馈和更新到规程中。

规程的每一次更新，都是知识的积累。可以想象，如果没有这么多知识沉淀在规程中，每年的事故或事件数量将不可想象，毕竟，一座核电站拥有的设备数量就超过 20 000 台，控制信号与保护信号不胜枚举，报警数量亦以万计，用"极端复杂"来形容也毫不夸张。

前人的智慧与经验被沉淀、积累在规程中，后人在遇到相同的工作任务时，就可以不必重新投入精力和时间进行深入研究，这就可以帮助后人大大增加知识。这就如同麦克斯韦实验总结出麦克斯韦电磁理论之后，你不必自己再去做这个研究，就可以直接使用他的理论一样。如今，你不但可以使用麦克斯韦电磁理论，还可以使用牛顿力学、相对论理论、线性代数、微积分……如果企业管理者重视知识建设，每个员工都可以低成本地借用 OE 完成复杂任务。

约翰·博斯经理自豪地介绍完他们的理念，又拉我一起研究开发三代核电的运行规程。他和电厂领导都认为，规程是电厂运行的"圣经"，电厂人员的所有操作，都必须遵守规程的要求，而对规程的持续更新改进，是让电厂人员愿意持续遵守规程的前提。

我对此毫不怀疑，毕竟，单个员工拥有的知识肯定远远不及几百上千个有经验的人在长时间跨度里积累的知识总和，除非边界条件发生了规程未曾预见的变化——不过这一情况事后就应该更新到规程之中。如果不更新，则规程反而成为制约下一次成功的错误算法。

---

① OE，音译为"欧依"，全称是 Operating Experience，即运行经验。OE（欧依）这一概念相当重要，后文会反复出现。

　　让规程保持更新并遵守规程，是组织知识化的基础，而组织知识化是区别一个企业处于个体时代还是协同时代的重要特征。

　　在访美学习时期，我认为活性组织仅仅具有"规程保持更新"这么一个特征，后来，当我亲自带领团队建设活性组织时，我有了更加深入的体会与发现。

15

组织知识化

核电早已成为国家名片，在 20 世纪它还被题名为"国之光荣"。作为国之重器，核电不但实现了核能从军用到民用的传承，完成了核电技术全产业链自主能力的打造，实现了核电装备制造业全面国产化的目标，它还完成了安全生产管理从"个体时代"到"协同时代"的蜕变。

核电对于安全的极度重视，一开始多少也有些停留在口号层面，因为谁也不知道该如何重视、怎么做。这也是当前许多生产企业管理者面临的困境：不知道怎么做。

欧依核电站①引进美国的核电技术，同时看到了美国核电站"协同"的管理思想，深知国内企业当年在安全生产管理上的差距。欧依核电站 2012 年提出对标学习美国核电站先进管理"先僵化、后消化、再优化"的"三步走"指导方针，并当真在几年内全面实现了组织的"活化蜕变"。后来，欧依核电站的安全运行业绩在世界同类核电机组当中遥遥领先，在全球所有核电站的建设与运行安全业绩上名列前茅。

2019 年底，欧依核电站宣布：按照每机组发布的世界核电运营者协会（World Association of Nuclear Operators，WANO）事件报告数量进行核电厂

---

① 为了避免对号入座，以欧依核电站的名字代替举例的核电站。

排名，2018年中至2019年中，欧依核电站排名全球第一。2019年大部分时间内，14项WANO指标月度值全部进入世界前1/10位。

欧依核电站完成的组织知识化蜕变具体体现在3个方面：信息知识化、文件知识化与行为知识化。换言之，信息知识化、文件知识化、行为知识化是活性组织的3个要素。

1）信息知识化

什么是信息知识化？

信息知识化就是将信息变成活的知识，以供组织协同的动态过程。

安全生产从"监管模式"进化为"全员管理模式"的第一步就是信息知识化。信息知识化需要一个统一的透明的信息平台，企业全员都可以从这个平台及时获得所需的知识，这些知识包括最新的设备故障信息解读、最新的良好实践、最新的事件报告、最新的不安全行为观察报告、最新的安全隐患、最新的管理建议、最新的评估报告、最新的行动项等与生产和安全相关的所有知识，以及知识的状态。有了这些知识，从事生产的计划人员、作业人员、安全员、相关领导就能清晰地了解现场的具体情况，及时调整自己的工作。

那么问题来了，谁来贡献这些最新的信息呢？

答案是企业全员。在人工智能缺失的情况下，只有全员参与，才能有生生不息的海量信息被生产出来。

欧依核电站采用的信息知识化平台叫作"状态报告平台"，状态报告平台将全员贡献的信息变成人人可看可用的知识，向企业全员公开。状态报告平台类似于隐患排查系统，但它的内涵外延都比隐患排查要更大一点。只要是个"状况"，就可以通过它报告出来，所以叫状态报告（condition report）。

为什么要把这些信息报告出来呢？因为它的目的不是去做监管，而是实现以下三个目的：

第一，知识共享；

第二，资源优化配置；

第三，持续改进。

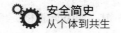

知识共享容易理解，不赘述。资源优化配置是指企业可以依据这些最新的情况对资源配置进行优化，让资源向最重要最紧迫的需求倾斜。只要"状态"被报告出来，一定会得到资源的照顾，一定会解决。如果低层级部门解决不了，它就会上升到更高的领导层级来讨论和解决。持续改进则是表明这是一个动态的生命体，不断新陈代谢，改进自身。

信息知识化帮助实现了一种完全不同的管理模式，那就是让"老百姓真正当家做主"。

传统的安全管理是监管模式，把员工当成了管理对象，由企业领导、安全员来对员工进行管理。其实员工是不需要监管的，因为他们才是作业任务的主人，是风险负责人。

在信息知识化的模式下，任何普通员工随时都可以将其遇到的各种情况、想到的各种建议或办法，通过一个信息平台报告出来，所有人都能看得到他 / 她工作的价值。月底时，他 / 她的积分、工作业绩也有了明确的指标。并且，他 / 她当时发现的问题、提出的建议、写下的良好实践，都是极具价值的 OE。当这些 OE 被用到电站的安全生产管理中，员工会产生主人翁的责任感。

通过这种信息知识化的过程，欧依核电站的普通员工实现了当家做主，实现了"让听得见炮声的士兵做决策"的机制，决策权不再集中于指挥层。

在 2020 年初暴发的 COVID-19 疫情初期，中国的应对出现了一些混乱。其实中国疾病预防控制中心很早就得到了可靠的消息，但是需要层层上报，贻误了一些"战机"。后来很快纠正了这一点，整个疫情当中，信息是向全世界公开，完全透明的。美国疫情刚开始不久就打算不公开了，英国也是，导致美英两国民众一度恐慌，因为民众不知道自己身在何种危险之中。在那种情况下，民众只能听指令。当人们只能听统一指令行动的时候，整个机体就会僵硬，它不再是活的组织。

所以，在企业组织内部建立一个统一的、公开透明的知识共享平台是多么重要，它既能调动员工积极性，又能够让整个组织处于户枢不蠹、流水不腐的生命状态。

这其实也是中国很快就控制住 COVID-19 疫情的一个重要原因。

2) 文件知识化

文件知识化，通俗地说就是使包括规程、管理制度在内的文件保持更新。

如同 Vogtle 电厂的做法，规程的更新不再由管理层做决策，而是"由前线听得见炮声的士兵做决策"，由作业人员提交规程修改意见，班组技术负责人或规程 owner（负责人）批准，最新版本就会在信息系统中发布生效，最快不超过 24 小时，一般不超过 3 天。

这就是文件知识化，即让文件像知识一样可以生长、进化。

与传统企业每年升版一次规程相比，这个决策周期是以天计的。文件知识化使决策周期由"年"缩短到"天"，这是一个巨大的效率提升。

好处显而易见，作业人员愿意使用规程，因为及时更新的规程当真可以帮助他们提升效率、减少失误。传统企业作业人员不愿意使用规程作业，因为对规程的可用性存在疑虑。2019 年底我与一家传统企业的高管讨论这个问题时，他甚至不小心吐露了一个可怕的事实真相：如果作业人员拿规程作业，可能会因为其可用性的缺陷而引发安全问题！

除了决策周期的巨大变化，决策主体也发生了质变。

传统企业升版规程是一件年度大事件，需要管理层拍板决策。而欧依核电站的规程升版每天都在进行，只是一件极其重要的小事而已，所以决策者是一线的作业人员，是"听得见炮声的士兵"——他们是最合适的决策者。

谁最了解设备当时的性能？作业人员。

谁最清楚作业的风险？作业人员。

谁最需要增强作业知识？作业人员。

谁最着急需要快速决策？作业人员。

所以谁最适合做决策呢？作业人员。

当更新规程的决策大权交给作业人员后，作业人员就能感到是自己在当家做主，责任心自然就上来了。我记得曾在一家传统火电厂与厂长对话，他明确提到"我们这一届员工不行""他们没有责任心"，我就明白核电和火电已经

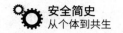
分处在两个不同的时代了。

当欧依核电站的员工对规程这类技术文件完全享有决策权后，他们很快就全方位地"接管"了整个核电站的制度管理，他们可以对制度提出任何问题与意见。当然，说到底，制度也是广义的规程。

基于这种现象，文件知识化的含义可以延展到一切文件或规定的知识化。

文件知识化让欧依核电站的规程等文件成为活的知识，可供员工们随时协同。

值得注意的是，信息知识化是文件知识化的基础。如果没有实现信息知识化，文件知识化就实现不了，各种管理难题就出现了，比如责任心不足、违章作业……传统企业的安全管理遇到的这些问题，根源之一就在于没有实现信息知识化。

3）行为知识化

行为知识化的内涵是让行为本身成为知识。

当所有员工都按照一定的仪式或规范采取行动时，行为本身就是知识。

举个例子，欧依核电站主泵首次启动时，我写了一篇文章《为什么启动全球瞩目的 AP1000 主泵时，大家都举手？》，节选部分如下。

2016 年 5 月 22 日 19 时 22 分，全球首台 AP1000 主泵启动成功。新闻稿中配了这样一张图片：主控室内所有操纵人员各举起一只手。这张照片在网上引起热议，为什么要举手？是准备好了的意思吗？

对，是准备好了听你说话的意思。

三藏学习和评估过的多个国内外电厂中，这种举手示意、准备听话的方式，是最有效的沟通手段。中国核电一位见多识广的领导亲临现场时表示："震撼！"

为什么会令人震撼？因为仪式感。

《小王子》电影中，小王子驯养了一只狐狸，小王子每天都去看望它。

狐狸提出要求："你每天最好在相同的时间来。比如说，你下午 4 点钟来，那么从 3 点钟起，我就开始感到幸福。时间越临近，我就越感到幸福。到了 4

点钟的时候，我就会坐立不安；我就会发现幸福的代价。但是，如果你随便什么时候来，我就不知道在什么时候该准备好我的心情……应当有一定的仪式。"

"仪式是什么？"小王子很疑惑。

"它就是使某一天与其他日子不同，使某一时刻与其他时刻不同的活动。"

因为知道此刻不同，所以仪式感让人产生庄重认真的态度。参与者会将注意力集中起来，全身心地投入到仪式之中。

"小组通报！"主控室内，负责按下按钮启动主泵的操纵员举起右手。如同阅兵式上，军人们听到"敬礼"的口令一般，主控室内所有操纵人员迅速停下手里的活动，各自举起一只手，等待一个重要的信息通报。

举手就是一种仪式，它给大家一个契机去迎接一个全新的开始，郑重告知自己：此刻，我与过去暂时决裂。

发起者环视一周，确认所有人都已准备好参与沟通，开始大声通报。

"通报完毕。"大家才重新回到原来的任务中。

一声"小组通报"，就可以触发一个仪式。主控室内所有操纵人员就会迅速停下手里的活动，各自举起一只手，等待一个重要的信息通报。

在这个仪式中，所有操纵人员都知道彼此的行为意味着什么，下一步将要发生什么，谁将负什么责任。不需要猜测，不需要规程（确切地说，仪式流程本身就是严格的规程），甚至不需要口头沟通，就能实现集体行为知识化，这说明具有仪式感的行为本身就是知识。

这种现象的本质是：具有仪式感的行为可以帮助仪式参与者对知识化的行为进行协同，而仪式的场景、流程及参与者的身份所构成的完整概念就是一套大家都在协同使用的知识。

仪式不仅仅出现在欧依核电站，任何公司都有自己的仪式。比如，所有作业人员每天早上上班第一件事就是参加班前会，会议几乎必定是在固定的时间、固定的地方召开，它有固定的参与者、固定的流程，无需提前通知，人人了然于胸。班前会就是仪式，是行为知识化的典型场景。

在日常生活中也可以看到非常多的知识化行为，比如交警在路口的指挥

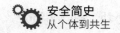
动作、敬礼的手势、见面时的握手、再见时的挥手等。看到这些行为，我们就知道行为所代表的含义。

总的来说，知识化实现了组织的持续改进，知识化使组织像生命体一样保持新陈代谢，这样的过程称为组织知识化。组织知识化的 3 个特征是信息知识化、文件知识化、行为知识化。

在安全生产管理方面，尚处于个体时代的传统企业并不是没有信息、文化和行为，也不是没有知识，但到底是什么阻碍了知识化的进程呢？

成见。

16

顽固的成见

2019 年 12 月 23 日下午 6 点半，我在深圳宝安机场过安检，这是我第三次使用宝安机场的"易安检"通道。当我通过易安检的第二道智能闸机时，突然发现了一个有趣的现象：两道智能闸机之间的"广袤"区域空荡荡的，没有一个人，4 条智能易安检通道被空置，与此同时，传统的数十条人工通道都有不少于 10 名乘客在排队。

当我被这一有趣现象触动而返回闸机拍照记录这一场景时，邻近通道一些乘客似乎发现了我，但他们依然无动于衷地继续排队。这时，有两三名新的乘客兴冲冲地朝着易安检通道而来，更多乘客争先恐后地加入传统通道之中。

深圳宝安机场的智能易安检通道于 2019 年 10 月开始试运行，我有幸成为第一批体验者。2019 年 11 月 1 日早上 5 点半，我第一次使用深圳宝安机场的智能易安检通道过安检，只花了 40 秒钟。当时我就被这超乎寻常的高效率震惊，并发了微信朋友圈当作纪念。

第三次使用易安检时正值出行高峰，花了 2 分钟，其中有 1 分钟在拍照记录，虽然慢了一点儿，但智能通道的通行效率相比于传统人工通道还是可以节省几分钟时间。

尽管如此，在 2019 年年底，智能通道还远未成为大部分人的选择。

这是成见的力量。

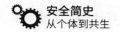
　　成见支配着人们的脚本行为，在这个意义上，人和动物、机器没有什么区别。

　　如果成见是群体性的，成见会得到彼此的不断强化，甚至可能引发巨大的灾难。

　　COVID-19 疫情给西方世界的灾难就是最好的案例，他们原本有足够的时间来应对，但因为群体成见，反而陷入困境。

　　英国伦敦经济与商业政策署前署长约翰·罗斯（John Ross）事后表示，是"惯性反华"把疫情中的西方推入衰退的大灾难。普利策新闻奖得主伊安·约翰逊（Ian Johnson）也指出，西方国家的人民对中国的政治体制充满成见，让他们低估了中国的做法给他们国家带来的可能价值和意义。

　　中国经过一个半月奋战，到 2020 年 3 月 9 日，全国除湖北以外各省份已连续两日实现无本土新增确诊病例。3 月 10 日，武汉最后一家方舱医院关闭。

　　这些情况全程透明，西方媒体当然了如指掌，甚至世卫组织也多次提醒，但终究"叫不醒装睡的人"。虽然中国在疫情中优异的表现给全世界其他地区创造了至关重要的窗口机会和成功经验，但西方世界终究还是错过了。

　　等到疫情在西方开始大传播时，成见仍未消失，甚至连政府的有效措施，都被解读为没有必要。直到各大医院人满为患，尸体都堆放不下的时候，部分人才意识到，是"惯性反华"将西方推入了大灾难。

　　在深圳宝安机场安检时，绝大部分人无意识地选择了传统通道，这是成见的作用，但当看到智能通道而镇定自若的时候，其实是群体性成见彼此强化的结果。

　　反正，无论是依照成见行动，还是群体成见加持，都能带来满满的安全感。

　　人们只要站到了队伍中，看到人工检票窗口，就会产生安检的安全感，相信自己仍在正确的"脚本运行"当中，能赶上飞机。若站到空荡荡的智能通道中，没有了"排队"，没有了人工检票口，这是对脚本的巨大偏离，让人不敢相信可以安全地赶上飞机。

　　脚本行为甚至能产生仪式感。排队，递交身份证与登机牌，拍照，人、物分检，这一系列环节是一套仪式。在仪式的队伍中，你会感到安全，这就是仪式感带来的安全感。而如果站到空荡荡的智能安检通道中，大多数人会失去这种安全感，因为他／她还没有在成见上与这个陌生的智能通道达成"契约"，智能通道也没有对他／她发出过"承诺"。

　　如果达不成契约、没得到承诺，人们则不会主动参与到仪式中；或者说，缺乏安全信仰的仪式是空有其表的形式主义。

　　个体时代，安全信仰对组织而言是稀缺的。由于没有形成统一的标准，换一任领导换一个口号，真正的安全信仰无从谈起，这导致一系列安全导向的仪式缺乏应有的灵魂。

　　核电很幸运，在全球范围内有统一的信仰——卓越核安全文化，并且，这个信仰还有明确内涵，即卓越核安全文化八大原则[1]。由于核安全的极端重要性，卓越核安全文化的全球标准几乎没有任何领导可以撼动，这反而是一件皆大欢喜的好事：员工们不必担心新上任的领导"发明"新口号、新做法，领导们也不会背负"创新"的压力与不自知的尴尬，安全文化建设就因此具备了平稳扎实的根基。

　　欧依核电站在卓越核安全文化的信仰之下，引进了一系列相互关联的仪式，这些仪式构成了一个完整的概念网络，从而产生巨大的行为知识化力量。

　　这些概念包括身份、流程及相应的场景。在卓越核安全文化的信仰之下，员工和领导的身份发生了彻底的变化，员工将自己定位为核电站的管理者，而领导则将自己定位为员工的教练。"管理者"和"教练"为了完成对自身身份的确认[2]，需要建立推动流程的相应能力。比如，员工作为核电站的管理者，需具备防人因失误管理、OE 管理等能力，而领导作为员工们的教练，则需要

---

[1]　卓越核安全文化八大原则由世界核电运营者协会 WANO 发布，后来又由 WANO 修改为"健康核安全文化十大特征"。

[2]　身份确认是行为改变的第一个步骤。

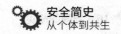

具备欧依安盾定义的五大核心能力：评估、根本原因分析、防人因失误、风险预控、工作观察指导能力。

欧依核电站虽然最终步入了组织协同的道路，但这一过程从一开始就并非坦途。说到底，这是协同时代与个体时代的正面交锋，是新知识边生长、旧成见边瓦解的重生蜕变过程。

以前，员工们在作业过程中遇到任何问题，都可以按照自己的经验"冒险"试错，工作完成之后不需要报告这些问题（也不敢报告），虽然是孤胆英雄，但好在无拘无束。在新的要求下，员工们需要规范地使用防人因失误工具，要将遇到的任何问题花精力复盘后通过"状态报告"信息平台上报，工作从头到尾都有严格的行为规范，员工们"转身"成为管理者时，感到自己被五花八门的"仪式"约束住了——这种感觉来自于系统1的成见受到挑战所引起的不适。

领导们的情况也"好"不到哪里去，不能再以家长式的方式进行传统的管理，而是"转身"变成作业现场的教练以及状态报告等 OE 管理流程里的"数据节点"，不但要学习大量的新技能，还要严格约束自己的行为举止，并及时响应业务流程的需求。说到底，也是需要自己变成另外一个角色，这是对系统1中成见的极大挑战。

成见是阻碍个人成长、组织蜕变的巨大绊脚石。

想象一下，你能改变你妈妈吗？你想改变而不能改变的那些你妈妈认为正确的观点，就是她固化在系统1中的成见，坚如磐石，几乎不可动摇！

当初欧依核电站一批批年轻骨干从美国学成回国，本以为可以立即大展身手，却在具体工作中遭遇到各个层面的理念冲突。这是因为，大部分人还是老派，原来的管理制度、流程仍在运行，文化也不会立即改变，"美国做法在中国水土不服"的声音也不绝于耳。新思想如同"异类"，甚至遭到"围剿"。

成见之所以具有强大的惯性，是因为它们作为系统1的一部分而演化成脚本行为，不受系统2的控制。甚至，你都不知道你有这个成见。比如，我的

1000 多名受试者都不记得自己起床时的动作，而那一系列动作就是成见在行为上的表现。你都不知道你有那个成见，何谈改变呢？

总之，成见难以改变。

要想改变，不是不可能，方法一是自我改变，开启系统 3，让系统 3 关注系统 1 引发的脚本行为。当然，这个方法挑战很大，只有大约千分之一的人能做到。另一个方法是强迫改变，即用新的仪式动摇成见，用新的成见替代老的成见。

举个例子：如何让一个纯真女孩愿意跟一个陌生男孩一起过日子？这就需要一场婚礼。

一场盛大庄重的婚礼就可以全面改造一个女孩儿，让她产生一种"嫁鸡随鸡嫁狗随狗"的忠诚感；也可以给男孩儿"洗脑"，让他知道自己已经成为一家之主，必须承担起家庭的责任；还可以让周边相关人欣然接受这两小人儿在一起睡觉、生娃。这是将婚礼办成庄重仪式的根本原因。

这场仪式一定要从提亲开始，经历说媒、定亲之后，才正式进入婚礼当天的成亲仪式。在七大姑八大姨等亲戚们和十里八乡等乡亲们的簇拥下，完成化妆、看嫁妆、花轿迎亲、拜堂、宴宾、闹洞房、合卺、结发、洞房等环节，其中的每一个环节又都有繁复的规则和礼数。总之，婚礼当天从清晨就已开始，到夜里才能结束。把仪式感做足，让世俗的观念全面冲洗小年轻两口子的系统 1 和系统 2，使系统 1"格式化"，重启人生的模式。

为两个小人儿组建家庭这件小事，尚且要做到如此兴师动众，而要改变大部队的成见，改变欧依核电站成百上千人原有的行为模式，让整个公司协同起来升级为活性组织，可就不是办一个"婚礼"这么简单就能实现的了。

欧依核电站是怎么干成这件大事的呢？

答案是：一个婚礼不够，那就办多个！

欧依核电站办了很多很多的"婚礼"，让仪式系统性嵌套式发生，将信仰细节化规范性落地。比如，完整的 OE 管理、以防人因失误为基础的岗位行为规范、观察指导（教练）、根本原因分析、评估等制度或流程，以及由此产生

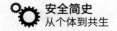

的培训和授权、激励、目视化、会议前安全学习等系列具体举措。这些制度、流程、举措在卓越核安全文化信仰的引领下，相互交织、相辅相成，它们作为思考问题的方式以及行为举止的规范，最终覆盖了公司的所有场景，使整个组织重新形成一个了不起的成见——卓越核安全文化。

17

从散漫到自律

2020 年清明节，全国哀悼日，我被短视频平台里的一个视频画面震撼了。东风乘用车公司工厂总装车间数百名工人，每人一个小板凳，坐在宽阔的空间里，整整齐齐地，各自保持两米距离，安安静静地吃午饭。

就这么一个看似"沙雕①"的画面，美到震撼！因为这是高度自律带来的美。

疫情让我们所有中国人忽然发现，原来中国人才是这个世界上最自律的人，最遵守规则的人。

在疫情刚开始的时候，我就曾想，假如发生在日本，日本应该会以享誉世界的自律比中国更加快速地控制住疫情，然而后来的事实证明日本并没有这么优秀。我以前在《读者》上看过一篇文章，叫做《规则的美丽》，我也曾将它在《重新定义安全》一书中引用。该文赞颂了行为自律的澳大利亚人，描述了他们在道路拥堵而对侧没车的情况下，依然保持交通秩序，没人逆行。但那种曾经震撼过作者的高度自律，也没有出现在这次疫情防控当中。

我们看到的反而是所谓发达世界的傲慢与混乱，看到他们的老百姓以自由民主之名行愚昧荒诞之举，看到他们的政客以一己之私利置百姓生命于不

---

① 沙雕，是一个网络流行词，意思是一句不文明用语的谐音，因为和谐或者输入方便等各种原因而逐渐演变成"沙雕"。现多指有趣的人和搞笑的人，例如沙雕网友。

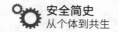

顾，甚至甩锅给中国。

这种丑陋更加反衬了中国人的美与大气。

这不是我第一次被国人这种自律的美震撼到。

在我们的印象中，中国的工人文化程度不高，安全素养水平较低，安全生产总是管不好，于是有的老板总是抱怨"这一届员工不行"。但我的经历告诉我，我们这一届中国人太行了！

宁波爱柯迪股份有限公司是一家汽车零部件制造企业，也是业内享有盛名的数字化工厂，曾多次上报上新闻，获得工信部和产业界的高度认可。这家上市公司在全球拥有超过 5000 名员工，但这也是安全管理的一大难题。这么多工人，文化程度都不高，怎么可能做得好安全？

这一难题在 2019 年初交到了欧依安盾的手上，欧依安盾用了不到一年时间，不但和爱柯迪试点工厂的同事们一起做出了零事故的骄人成绩，还被员工们的变化震撼到。

爱柯迪生产汽车零部件，需要铝水浇灌磨具，600℃以上的铝水汤包由叉车传递。为了避免人车相遇，各个工厂都进行了严格的人车分流，但仍避免不了交汇处。这些不得不存在的交汇处，就潜藏着事故的隐患。

我带领欧依安盾和爱柯迪的安全团队设计了"手指与列队"的行为规范，要求工人们在通过人车交汇处时必须先排成队列，刚好走在最前面的工人进行"手指"操作，以确认安全。

为了帮助工人们理解，我们还制作了演示视频。

在一个习惯了"自由"的氛围当中，没有人自愿去做这种"奇怪"到令人尴尬的沙雕动作。带队拍摄这些动作时，我自己都能感受到工人们异样的目光。

教学视频拍摄出来后，果然遇冷，工人们虽然也配合安排，但以摆拍为主。是工人们素质不行吗？还是我们的行为规范设计本身就是个"笑话"？又或者是还没到时候？

项目仍在继续，"人因安全学堂"每天都在授课，每个月有数千人次接受人因安全技术培训，管理者和工人们对安全的理解逐渐深入。我们不死心，又设计了"开车前一分钟检查"，让工人们在机床开车前按照一定的规范，绕车一周，检查状态，确保安全。

没想到，"开车前一分钟检查"立即受到热捧，很快在各个工厂流行开来。

在爱柯迪为"人因安全管理提升"项目建立的几个大微信群里，每天都可以看到各个工厂各个班组发出"开车前一分钟检查"的行为视频。人们像竞赛一样转发这些短视频，带动了安全氛围的骤然升温。

之后团队又推出了"每日安全学习""岗位风险卡"等行为规范，一时间，微信群里就更加热闹了，工人们不再觉得安全是件奇怪的事。

令人意想不到的是，在厂里发生了一起叉车未遂事件后，有一个车间竟想起了遇冷快一个月的沙雕动作——"手指与列队"。

这次轮到人因安全团队沙雕了，因为工人们进行"手指与列队"时，不但完全没有沙雕感，反而是那么自然，那么美丽！

工人们自发的集体自律行为，像"病毒"一样迅速传遍了整个厂区。

人们不再为加入这样的队列感到奇怪，人们不再三三两两出现在叉车道上，人们不再低头玩手机走向食堂。高度的自律就在几天之内成为全厂的行动准则，每一个随机走在最前面的人都当仁不让地成为领队，当她／他做完"暂停""向左指""向右指"的动作后，整个队伍才会整齐地通过叉车通道。

成见改变了！

安全，高效，美！

当这些视频如潮水般第一次涌现在微信群里时，我们整个人因安全团队都相望泪目。

改变了成见的工人们太美了！美得让人发自内心地尊敬。

是的，爱柯迪人这些"沙雕行为"获得了整个集团的尊敬，也获得了客户、合作伙伴们的尊敬。

工厂可以花钱置换新设备，将厂房粉刷一新，也可以花钱给工人换成好看的制服，看起来整齐划一，这些事情可以在一夜之间做到，但这不是硬核

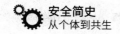

实力。

当工人们为了生命安全、产品质量，自发地做出集体自律的"沙雕行为"时，才体现了一个制造业企业的硬核实力，因为这种行为表明员工们为安全负责、为质量负责、为客户负责。

我是最尊敬和最感激爱柯迪的那个人，也从来没有相信过"这一届员工不行"之类的鬼话，因为我在核电的时候已经成功地将集体"沙雕行为"做到了极致，而我的确希望这种自觉的安全行为可以在各个行业推行开来，爱柯迪是我和团队做成的首例，以后还会有很多。

核电的安全工作为什么令人敬佩？除了它与生俱来令人敬畏的"高级感"以外，更重要的还是在行为细节上。

数年前我还在核电工作时，曾和团队将数百名运行人员的"沙雕行为"一手打造起来，个中细节，大家可以从《重新定义安全》一书看到。经过了这么多年，人因安全系列行为准则，早已刻在了核电人的骨子里，这是我们现在看核电安全如斯的原因。

"这一届员工不行"吗？我看是太行了。

不但这一届员工很行，这一届人民都很行。

COVID-19疫情，也让我们重新认识到，平时看起来有些散漫的14亿国人，最讲规则、最讲大局。

在2020年初那一段日子里，我们放弃了一年中最重要的节日——春节，为了自己和他人的安全，说隔离那就一个月不出门、不走亲、不串门；说戴口罩就男女老少都戴上，一句怨言都没有。当意大利议员戴口罩被嘲笑时，中国人的"沙雕行为"应该被嘲笑了更多次。当伊朗主持人在直播中下跪恳请民众在家隔离时，我们才感受到不是所有国家的人都能做到行为自律。

我们感受到祖国的强大，不仅仅来自国家经济、科技和动员能力的强大，更重要的是来自14亿人民万众一心、风雨同舟的"沙雕行为"自律的强大。

上面这一段文字发在了"汤三藏"公众号上，读者们纷纷置以好评：

"很厉害的安全团队，这才是安全咨询该有的样子啊，佩服！改变行为往往是最难的，容易反复。作者团队的经验、技巧、信念与执着，让组织行为发生了质变，让员工的安全意识和行为完成了一次完美的进化。"

"这是文化的力量，融化到血液中，落实到行动上。"

"当安全成为一种习惯、成为一种基因，这就很不简单，很了不起了！"

的确，这是文化的力量，文化让成见改变。

```
┌─────────────┐
│     18      │
└─────────────┘
```

安 全 信 仰

卓越核安全文化在核工业具有普适性，不仅帮助欧依核电站实现了跨时代飞跃，在 20 世纪 90 年代帮助美国核电站一百多台机组实现了普遍性的业绩提升。在此基础上形成的人员绩效管理体系（Human Performance，HuP）不但在全球核工业界成为普遍的标准，还被其他行业借鉴，并形成新的安全生产管理概念。比如，美国通用电气公司借 HuP 形成了人与组织安全绩效（Human and Organizational Performance，HOP）体系，虽然不是原汁原味，但也于 2016 年开始在中国产生了一定的影响力。

卓越核安全文化带来的实实在在的业绩突破与安全提升，使之成为全球核工业的信仰，将来必定继续引领核工业持续改进，并势不可挡地渗透到其他行业。

为了便于参考使用，在此对其内涵稍作文字调整，以便借鉴。

1）人人敬畏安全

明确界定并让全体人员清楚自己的安全责任和权限。在报告关系、岗位权限以及团队责任中都强调"安全高于一切"。

对安全责任的敬畏之心：每个人理解并敬畏自己对安全生产的责任，并在行为和工作实践中体现出来。

坚持高标准：每个人认识到遵守行业标准和制度的重要性，捍卫安全原则，遵守程序，对没有满足标准的情况承担责任并不断追求高标准。

发扬团队合作精神：个人之间、团队之间在开展各类活动时，能实现内部和跨组织的沟通与合作，确保安全。

2）培育质疑的态度

人人避免自满，对现在的各种状态、假设、异常和活动持续质疑，以发现可能导致错误的不当行为。每个人都对不利于安全的假设、价值观、状态或行为保持警觉。

避免个人自满：即使面临成功，每个人能认识到失误的可能性、潜在的问题和固有的风险，做好应对计划。

不确定时暂停：每个人在遇到不确定状态时停止工作。继续工作前对风险进行评估和管理。

对假设保持质疑：当认为某些情况不正确时，每个人都敢于挑战假设并提出反对意见。

对变化保持敏感：每个工作人员都应对现场的变化和异常情况保持足够的敏感，并对变化予以质疑。

3）沟通关注安全

沟通交流时始终关注安全。安全沟通是广泛的，包含了多个方面：企业层面的沟通、部门层面的沟通、基层员工间的沟通、设备的标识、运行经验及文件记录等。领导们采用正式或非正式的方式在沟通中传递安全的重要性。组织内由下至上的沟通和从上至下的沟通同样重视安全。

工作过程的沟通：每个人将安全沟通融入工作活动中。

决策依据的沟通：领导确保运行决策和组织决策的依据得到及时沟通。

保持信息畅通：每个人在整个组织内纵向和横向，以及与监督、监查、监管机构和外部评估团队的沟通都能做到公开和坦诚。

强化期望：领导经常通过沟通传递并强化安全高于一切的组织期望。

4）领导做安全的表率

领导在决策和行为中体现对安全的承诺。高层管理者是安全的首要倡导

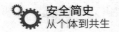
者，用他们的言行表达对安全的承诺。安全信息应作为一个专门的主题，经常、定时、持续地进行沟通。组织内的各级领导做安全的表率。公司政策强调安全高于一切的重要性。

安全承诺：领导确保企业的资源分配体现安全高于一切。

定义角色／职责和权限：领导通过清楚地定义员工的角色、责任和权限来确保安全。

以身作则：领导以自身行为树立安全标准。

下现场：工作现场能经常看见领导在进行巡视、观察指导、强化标准和期望。与标准和期望的偏差能得到及时纠正。

提供资源：领导确保支持安全的人员、设备、程序以及其他资源充分可用。

激励／惩罚／奖励：领导确保激励、惩罚和奖励与安全政策一致，并强化那些体现安全高于一切的行为和结果。

变化管理：领导采用系统化的流程来评价和实施变革，确保安全高于一切。

5）建立组织内部高度信任

组织内充满信任和尊重，营造一个相互尊重的工作环境。在组织内建立高度信任，并通过及时和准确的沟通加以促进。鼓励员工提出不同的专业意见，并及时讨论和解决。及时反馈员工关注的问题的解决措施和进展。

尊重他人：让每个人都受到礼遇和尊重。

重视建议：鼓励员工表达关注、提出建议、指出问题。尊重不同意见，尤其是专业人员的意见。

解决冲突：采用公平和客观的方法解决冲突。

鼓励无顾虑报告安全问题：营造一个关注安全的工作氛围，在此氛围下个人可自由地提出安全相关的问题，而不必担心受到报复、威胁、骚扰或歧视。

报告问题多种渠道：组织有独立于生产指挥体系、不受其影响地提出和解决安全问题的渠道，员工对提出安全问题有信心，并且认为这些问题能得到及时有效地解决。

向监管方如实报告：向监督、审查、监管机构提供的信息完整、准确和及时。

6）决策体现安全第一

支持或者影响安全的决策是系统的、严格的和全面的。给作业人员以充分的授权并确保他们理解管理期望，当面对意外或者不确定的情况时能将企业置于安全状态。高层领导支持并强化保守决策。

明确决策责任：安全决策中实行个人责任制或单点责任制。

统一决策流程：每个人使用统一的、系统化的方法进行决策。必要时深入分析风险因素。

体现保守倾向：每个人的决策实践强调谨慎的做法，而不是轻易地做出决定。例如：一项行动应确定安全后再开始，而不是发现不安全后中止。

反映长期业绩：决策侧重于反映长期业绩和安全。

7）识别并解决问题

对潜在影响到安全的问题，根据其重要性，及时识别、充分评价、快速处理和纠正。识别并解决各种问题，包括组织问题，来强化安全和提升业绩。

识别：实施一个低门槛的纠正行动大纲来识别问题。每个人均能按照大纲的期望及时地识别问题。

评价：充分评价识别的问题，确保问题的解决方案针对了问题的根本原因并与安全重要性相符。

解决：根据问题的安全重要性，采取及时、有效的纠正行动来解决问题。

趋势分析：定期分析来自纠正行动大纲及其他评估活动的信息，以发现不良的趋势或状况。

8）倡导学习型组织

珍惜、寻求和利用一切继续学习的机会。高度重视运行经验，积极培育从经验中学习的能力。利用自我评估、培训、对标等形式促进学习以改善业绩。通过使用各种监测手段，保持对安全的持续监测，其中一些监测手段能提供独立的视角或新视野。

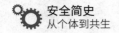
避免组织自满：组织要避免自满，培养不断学习的氛围，着重培养"事件有可能在这里发生"的意识。

使用运行经验：组织能系统、有效地收集、评价内外部运行经验，及时吸取经验教训。

开展评估：组织例行地对大纲、程序、活动和业绩进行严格和客观的自我评价。积极开展同行评估。

对标：持续向其他组织学习，不断提高知识、技能和安全业绩。

培训：高质量的培训维持一支知识型的员工队伍，强化高标准，保持安全。

监督检查：使用独立监督和性能监测等多种手段确保安全得到持续监督和检查，发现问题，持续改进。

19

持 续 改 进

透过 2288 字的安全文化信仰，我们看到的不仅仅是"安全第一"，更加令人印象深刻的是 4 个字——"持续改进"。

我一直认为，在没有信仰时，"安全第一"是一句正确的废话，没有一个老板不这么说，但做到的人很少。就像出门时你妈妈嘱咐你"注意安全"一样，它没有提供具体方法或工具，甚至连场景都没有给出来。相比之下，"持续改进"才是可以落地的安全策略。

通过多维度的协同，进行全方位的持续改进，正是卓越核安全文化八大原则的精髓，如果各位不介意，可以拿回家当作企业安全文化用起来——我已经把它整理成知识型工具了，有智慧的读者可以用用看。记住，千万别花心思折腾着修改，先用一年再说吧。

世界最大对冲基金桥水就将"持续改进"用得很好，否则很难想象，一家曾经只有一个人的公司，用 12 年时间，做到了管理 41 亿美元的资产，再过了 15 年，管理超过 1500 亿美元的资产，并且连续 20 年创造了 20% 以上的年化收益率。桥水采用的方法就是持续改进：与市场博弈，独立和有创意地思考如何押注，犯错误，把错误摆上桌面分析，找出根本原因，设计出新的更好的做事方法，系统化地落实这些更新，犯下新的错误，如此循环。

可见，各个行业的工作都有"错误"，任何企业都需要持续改进，而持续

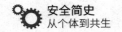
改进体系能够建立起来的根本秘诀是"允许犯错，并让组织乐于从错误中学习和改进"。

桥水公司交易部负责人罗斯忘记为客户执行交易，导致桥水公司赔偿给客户一笔损失。作为老板，瑞·达利欧没有开除罗斯，因为他认为那会起到反作用，不但会损失一名好员工，还会鼓励其他员工隐瞒错误，从而形成一种不诚实的、削弱学习能力的文化。当罗斯经历了犯错带来的痛苦，他和桥水就可能改变成见。为此，他们设立了问题日志，交易员把发生的错误和不良后果都记录在日志中，这样就能追根溯源，系统化地解决问题。

之所以整段文字引用桥水公司的成功做法，而不是引用生产企业的成功做法，是要告诉大家，安全与持续改进并非生产企业独特的需求，而解决问题之道也可以互相借鉴，因为最终都是关乎能否形成知识化组织，以获得需要的结果。

欧依核电站的持续改进体系可以用"盾形图"来总结，如图2.2所示。

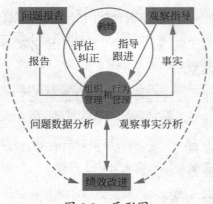

图2.2　盾形图

盾形图体系由我提出，于2013年10月获得中核集团管理创新优秀奖，于2014年8月被评为浙江省省部属企事业工会安全生产合理化建议一等奖。盾形图所蕴含的理念是人因安全技术体系的理论基础。

盾形图包含了一条主线、两类循环。

1）一条主线

一条主线是指盾形图中的中轴线，即从"教练"到"组织管理和行为管理"

118

再到"绩效改进"的这条主线。主线以教练为起点，通过持续改进管理（组织管理和行为管理），抵达绩效持续改进的顶点。可见，欧依核电站绩效改进的基础是教练。领导层转身为教练团队，是组织绩效得以持续改进的秘诀。如果企业领导层不能完成这一转身，持续改进将毫无根基可言。

2）两类循环

两类循环是指一类小循环和一类大循环。小循环是指问题报告小循环和观察指导小循环，大循环是指问题数据分析大循环和观察事实分析大循环。所谓"小循环"，是指发生在日常的即时闭环过程；相对地，"大循环"是指阶段性的战略决策所形成的长期闭环过程。

（1）问题报告小循环

在欧依核电站，问题报告小循环是通过状态报告系统来实现的。它在公司范围内建立一个集中、统一管理的可视化流程，识别、报告、评估、验证公司在质量、人员安全、可靠性、流程改进等各方面管理上存在不利或潜在不利的状态，并建立起一个具有优先次序的流程，方便管理层根据问题的重要性合理配置资源，同时，它建立了一个合理沟通的机制，使紧迫问题得到快速有效沟通，降低了沟通成本。总之，错误或问题被摆到了桌面上，并被闭环解决，组织从中获得持续改进。这个流程有一个专门的名称：OE 管理。

巧合的是，桥水公司也采用了同样的方法。瑞·达利欧认为，用一套程序确保问题会摆在桌面上，同时确保问题根源会得到剖析，这样才能实现持续改进。所以桥水坚持使用问题日志。如果发生了错误，只需要记入日志，如果交易员没有记，那就会有大麻烦。通过这种方法，问题不断被呈现在管理者面前。

比桥水公司更有意义的做法是，欧依核电站通过 OE 管理流程让一线作业人员转身成为安全管理者，因为可以报告的小问题实在太多，也只有员工最懂现场——他们本身就是核电站的直接管理者。

采用问题报告的方式，不但确保问题会摆在桌面上，还让员工成为有高度责任心的核电站管理者，这就是问题报告小循环的魅力所在，它是实现文件知识化、管理持续改进必不可少的机制。同时，OE 管理在安全生产管理上比所谓的"地毯式""拉网式"安全检查更有效，因为 OE 管理是动态机制，持续不断地自主进行，而所谓的"地毯式""拉网式"安全检查具有静态性的特点，无法应对现场多变的情况。

事实上，欧依核电站员工们主动上报问题的数量和质量也都要明显高于安全检查。

韩信能引兵，第一步靠的就是刘邦正儿八经举办的拜大将军仪式。研究表明，要想让 OE 管理流程真正运转起来，仪式是宁可多不可少、宁可大不可小，因为仪式瓦解旧的成见、构建新的成见，形成强大的协同组织能力。

欧依核电站曾先后 3 次构建问题报告的信息系统，建设 OE 管理流程，前两次虽都许以现金奖励，但均因缺乏启动仪式而失败，第三次之所以取得巨大成功，与大大小小的宣讲、培训、制度发布、岗位任命、状态报告审查日会与周会等严肃的仪式密不可分，其中，岗位任命是很重要的一个仪式环节。

为了让 OE 流程运转起来，欧依核电站诞生了一类新的岗位，被称为经验反馈工程师（OEE[①]，谐音欧依依）。

经验反馈工程师是 OE 流程能够运转的关键，他们负责推动 OE 业务，负责对报告的问题依据其重要程度进行分级管理，对于重要级别较高的问题进行根本原因分析，督促责任部门进行纠正行动开发，并检查其实施有效性，以帮助组织持续改进。

回过头来看，在以卓越核安全文化为信仰的持续改进体系中，传统意义上的安全员逐渐转变成了经验反馈工程师，而安全员原来的大部分职责被一线作业人员分担。在新的体系下，员工、领导、经验反馈工程师都不知不觉地被卷入一个持续流转的协同网络之中，形成一道密不透风的安全屏障[②]。

具体来说，这道屏障由"点、线、面"组成。

---

① OEE，即 Operating Experience Engineer，运行经验工程师或 OE 工程师。

② 按照瑞士奶酪模型，事故只有在所有屏障都失效时才会发生。屏障分为组织屏障、管理屏障、个人屏障和实体屏障。

"点"体现在对单个状态报告问题或事件的闭环管理，这些"点"在状态报告会议和安委会上汇聚成战略"线"，最终引导所有人对安全责任形成敬畏之心，这种普遍的敬畏之心，就是安全文化的一个"面"。

（2）观察指导小循环

严格地说，观察指导应该称为"观察和教练（observations and coach）"，是指对人的行为进行观察和教练（动词），以帮助其提升。

在美国佐治亚州的 Vogtle 核电站学习和工作期间，欧依核电站的同事们和我都观察到许多部门经理和主管们会花将近一半的工作时间在现场进行观察指导——这是他们的主要工作职责。有一个简单的公式可以解释为什么他们会这么分配工作精力：

$$绩效 = 行为 + 结果$$

公式表明，员工的行为及其结果的总和是企业最终的绩效（业绩）水平。

要想提升企业经营业绩，那就持续改善员工的行为，而观察指导是最有效的手段之一。

欧依核电站 2012 年开始启用观察指导，这一做法不但让观察指导本身获得了成功，还帮助领导干部们成功转身为教练，为整个企业的持续改进奠定了基础。

当然，要想让观察指导小循环真正运转起来，教练们得熟练掌握观察指导所需的仪式感。

不过，并不是只有领导干部才能担任教练，员工也可以，而且应该鼓励员工们担任观察教练。特里·麦克斯温博士在其著作《安全生产管理：流程与实施》（第 2 版）中指出他的研究成果：当员工使用安全检查单执行安全观察流程的时候，他们的安全操作绩效得到了改进和提高，那些执行安全观察的员工的伤害事故发生率比没有执行安全观察的员工低 50%。

特里·麦克斯温博士的研究表明，谁来观察指导并不是一个关键要素，全体员工参加执行安全观察指导非常的重要。在起步阶段，欧依核电站只做到

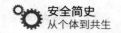

了主管及以上的管理层执行观察指导，部分员工自愿参与。即便如此，效果依然显著：观察指导不仅帮助了他人，也改善了人际关系，提升了领导力，并以此帮助组织上下级之间实现协同。

值得注意的是，观察指导得来的数据也属于 OE，观察指导的流程同样属于 OE 流程。这意味着盾形图的核心管理事实上是 OE 管理，盾形图是基本的 OE 算法模型。

（3）问题数据分析大循环与观察事实分析大循环

问题报告小循环与观察指导小循环不仅仅解决当时的问题，它们还会留下大量的真实数据。

以核电为例，平均每台机组 300 名一线作业人员，加上长期承包商可达 400 人左右。假设 1 人每 4 天上报 1 个问题，则每天平均 100 个问题，一年按照 50 周计算，共 250 个工作日，问题数量大约在 25 000 个。假设主管及以上人数为 50 人，每人每月在现场观察 2 次，每次 2 小时，可记录行为事实数量 10 个，则每人每月记录 20 个事实，50 人全年记录事实数量为 12 000 个。

这个数量级相当于欧依核电站 2016 年的水平，这些 OE 就是最有价值的第一手安全知识，为欧依核电站月度会、季度会、年度会进行科学决策提供了依据。如果实施全员观察，以上数据量还要再提升近一个数量级。这些 OE 知识在决策会议上常常大放异彩，因为以其为基础构建的指标具有预测性，可以帮助准确地调整安全生产管理的阶段性战略方向，从组织管理根源上进行改进，并且有效。

如果将组织文化看成是组织管理的系统 1，将决策机构看成是组织管理的系统 2，那么说到底，是 OE 知识让组织管理的系统 1 与系统 2 实现了协同。这是协同时代区别于个体时代的一个显著特点，换句话说，个体时代的决策机构不能全面具体地了解其组织文化，是因为缺少 OE 知识，或尚未实现组织知识化，组织还停留在权力游戏的阶段。

个体时代虽然更需要英雄的奉献，但却在维护组织的威权与审判的权力上下了更多的工夫。

协同时代虽然更看重组织的作用，但却在凸显个体的价值与决策的权利上做了更大的文章。

这个文章就是为企业管理者们（员工和领导）培养五大核心能力：评估、根本原因分析、防人因失误、风险预控、观察指导。

"大学之道，在明明德，在亲民，在止于至善。"《礼记》中的古训正适合协同时代的精神，明确安全信仰，转变组织职能，持续改进。

20

评　估

核电行业有一条不成文的规矩，任何骨干想要成长为主管生产的副总经理必先成为 WANO 评估员，因为 WANO 评估员能从员工行为表现中发现企业组织管理的缺陷。

WANO 是一个将核安全和卓越运行业绩作为首要目标的世界性组织，全世界几乎所有核电站都是其成员。WANO 利用其制定的国际通用的性能指标，在全世界范围内强化核电站之间的技术、经验和事故信息交流，不断提高核电站的安全可靠性。

同行评估（peer review）是 WANO 促进核电站安全水平提升的主要方式之一。为了促进全世界各核电之间的经验交流，帮助受评电站实现业绩提升，评估队通常由国际上各领域的顶级专家组成，比如，2016 年 4 月的大亚湾核电站同行评估有 18 国专家参与，2017 年 4 月的英国哈特尔普尔（Hartlepool）核电站同行评估有 11 国专家参与。

多国顶级专家的参与，以及 WANO 总部专家的常年积累优化形成的卓越业绩标准、卓越核安全文化等，形成了一个强大的知识赋能机制。只要敞开大门，全面开放知识（秘密信息除外），核电站就能从中受益。事实上，从 20 世纪末到 21 世纪初，WANO 这种方式帮助全球各国的核电站实现了业绩的普遍提升。

之所以能发挥如此大的作用，与其目标设定、严酷要求等是分不开的。

评估的目标是找出受评电站与"卓越业绩"之间的差距，帮助受评电站实现业绩提升（见图 2.3），而不是检查其是否"符合要求"——评估不是符合性检查或合规性检查。

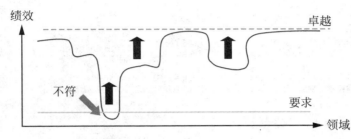

图 2.3　组织面临的任务类型

评估队与受评电站之间不是检查与被检查的关系，而是互相支持的协同关系，就像人们生病了，主动到医院让医生帮忙诊断一样。

但是，这种关系并不容易形成，毕竟"家丑不外扬"的思想在全世界都普遍存在。WANO 同行评估之所以能成功，在于其对评估报告的严苛规范：事实描述。

图 2.4 是评估成果，而事实是一切的基石。

图 2.4　评估成果

事实来自观察与访谈。图 2.5 是为期一周的评估日程安排（WANO 评估一般按照 2 周或 3 周进行），所见之处几乎全都是"事实""观察""访谈"的字眼，这一安排所形成的结果是，评估员落在纸面上的文字不可以是观点或者建议，而应该是事实，有洞见的事实。

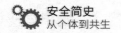

星期一	星期二	星期三	星期四	星期五
10：30-10：45 入场会 电厂领导/生产部门领导、安全专职	08:30-09:00 与对口人确认事实	08:30-09:00 与对口人确认事实	08:30-09:00 与对口人确认事实	08:30-09:00 AFI修改、固化
11：00-12：00 电厂入厂安全培训	09:00-12:00 观察&访谈	09:00-12:00 观察&访谈	09:00-12:00 编写AFI报告 (待改进项报告)	9：30 离场会 AFI报告及绩效改进行动纲要成果汇报 电厂领导/生产部门领导、安全专职
午餐	午餐	午餐	午餐	
13:00-16:00 观察&访谈	13:00-16:00 观察&访谈	13:00-16:00 观察&访谈	13:00-16:00 对口人参与分析原因 编写AFI报告 编写绩效改进行动纲要	离场
16:00-17:00 编写主要事实	16:00-17:00 编写主要事实	16:00-17:00 编写主要事实	16:00-17:00 AFI队内挑战	
晚餐	晚餐	晚餐	晚餐	
18:00-18:30 队会	18:00-18:30 队会	18:00-18:30 队会	19:00-23:59 编写观察报告	
19:00-23:59 编写观察报告	19:00-23:59 编写观察报告	19:00-23:59 编写观察报告		

图 2.5　评估日程安排

区分事实与观点，是评估最起码的要求，但这并不容易。

在金庸的小说《射雕英雄传》中，江南七怪是郭靖的师父，黄蓉是郭靖的妻子，桃花岛岛主黄药师是黄蓉的父亲。江南七怪中有五人在桃花岛被杀（凶手是欧阳锋与杨康），七怪之首柯镇恶断定凶手是黄药师，对黄蓉也欲除之而后快。

柯镇恶以为自己"看"到了"事实"，就老毛病发作：站到道德的制高点上胡作非为，誓要手刃黄药师，甚至迁怒于"仇人"的女儿，忘了江湖道义。

可是，心中认定的"事实"，就一定不是罗生门吗？

满腹冤屈的黄蓉本是能言善辩之人，有大把时间可与柯镇恶做口舌之争，但她并无过多解释，而是在铁枪庙中甘冒风险，诱导欧阳锋将事实一点一滴地托出。当真相浮出水面之时，柯镇恶只听得心胆欲裂，悟到黄蓉早知真凶，只是并不与之争论罢了。

"我飞天蝙蝠性儿何等暴躁，瞎了眼珠，却将罪孽硬派在她父女身上。她纵然明说，我又岂肯相信？"柯镇恶"瞎了眼珠"，错在用"观点"看人，其观点来源于未经证实的质疑。

冤屈得以昭雪，黄蓉靠的是用"事实"说话，可见事实（的力量）远胜于雄辩。

事实，必须能被证明是正确的。比如，"这张桌子镶了钻石""月亮是地球的卫星"，这是对事物 / 情况的客观描述。任何人都可以通过观察来证明，都可以得出同一陈述。你若质疑，可以去验证；对于事实，不同的人验证结果一致（如果不一致，那可能是伪事实，伪事实也是观点）。事实是客观存在的，不因人的情感喜好而变化。

观点，是添加了个人情感喜好的表达。比如，"这张桌子太贵""今晚月色迷人"。情感是由人的意识产生的，意识之外，它并不存在。不同的人，观点可能大不相同。穷人会认为镶了钻石的桌子贵，富人却根本不把这点钱放在眼里。

所以，观点会被人挑战，而客观事实不会。

在五怪之死真相大白之前，黄蓉也只是根据种种迹象做了逻辑推断，而这些推断，在证据出现前，仍然只是观点。要说服一个嫉恶如仇、性情如雷的长者，为自己的利益相关人摆脱嫌疑，隐忍不发、挖掘事实才是正道。聪明如黄蓉者，也只得闭口缄言，取道事实。

印度哲学家克里希那穆提曾说："不带评论的观察是人类智力的最高形式。"

评论即为观点，而观察可得事实。不带评论的观察，正是黄蓉的做法，代表了其智力的最高形式。

但是，大脑的运作机制更可能让人们像柯瞎子一样"断定"这、"断定"那，带着评论做观察。

丹尼尔·卡尼曼在《思考，快与慢》中记录了他做过的一个心理实验，我把这个实验用到了某客户讲堂上。当时教室里面坐满了人，事后查证是 131 人。我在屏幕上展示两个词，如图 2.6 所示。

香蕉　　　恶心呕吐

图 2.6 中给出了两个简图符号，以及下面两

图 2.6　心理学实验

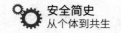

个词汇：

香蕉　恶心呕吐

你现在应该和当时的学员一样，已经在想象那令人恶心的呕吐物，要多恶心就有多恶心。你控制不住自己不去想它，画面自动出现在你的脑海中，就像你看到了一样。它的刺激引起的不适感，让你在刚刚那一瞬间心率加速，想要避开。

学员们看到这个屏幕上的内容后，我询问他们中午就餐时愿意吃香蕉的人请回答，有 5 人回答"没问题！"剩下的人没有给予肯定答复，不过也有 3 人回答"不想吃了，太恶心！"

如果过一会儿你去用餐时有香蕉，你会愿意食用吗？

现在，我要告诉你真相。你只是看到了两个词汇，以及两个简图符号而已，这就是事实。顶多，你还看到了"令人恶心的呕吐物，要多恶心就有多恶心"这样的描述。这就是全部的事实，这里没有呕吐，也没有呕吐物，香蕉与呕吐物也没有任何关系。

将"香蕉"这个词代表的含义（实物香蕉）与"呕吐"这个词联想到的场景关联起来，是你的系统 1 在一瞬间完成的，这一过程还来不及让系统 2 参与，系统 1 就产生了一个观点：香蕉与呕吐有关。

在长期的研究中，我发现了人们更偏好表达观点而不是表述事实的真实原因。

在评估课程的课堂和观察指导课程的课堂上，我通常会播放作业视频进行辅助教学。播放视频之前，我会请学员们准备好纸和笔，要求他们观看的同时记录观察到的行为和没有观察到但又应该发生的行为。这样的实验做过 22 场，共 1721 人参加，统计发现，在观看视频的过程中，只有 103 人边看边记录，占 6%，而 94% 的学员并没有做到边看边记录，他们一直从头看到尾，然后再凭记忆进行描述。

为什么不边看边记呢？因为边看边记还要防止遗漏视频信息是比较辛苦的。这就导致"事实"需要到记忆中获取，结果不那么可靠。

　　视频观看完成后，学员们有 5 分钟左右的时间在纸上写下他们观察到的全部事实。

　　部分学员有机会站起来表述他们的观察结果。这时，一个有意思的现象发生了：当学员读完他 / 她写在纸上的"事实"后，还会附加 3 ～ 5 句话的描述。而这些描述恰恰才是应该写下来的事实，可偏偏在规定的环节没有被写在纸上。

　　举个例子。

　　在一个工前会的视频作业中，大部分人都写了这样一句话：

　　"工作组成员安全意识淡薄。"

　　这句话写在纸上时，写字的学员看到这句话时想到的画面是：

　　"工作组成员在工前会上有 4 次表达了这个作业很简单的观点。"

　　"安全员迟到 2 分钟，但工前会没有将之前的内容与他再做讨论。"

　　"工作组成员跳过了会议的事故教训学习环节。"

　　"工作组成员提出没有验电笔，但工作负责人提出可以不用验电笔。"

　　在这些丰富的确定的事实信息画面的支撑下，学员认为自己写下了一个"事实"："工作组成员安全意识淡薄。"

　　并且，当学员站起来读"工作组成员安全意识淡薄"时，他 / 她会自然而然地快速地将上面 4 个事实作为补充信息进行描述。当然，有的学员记不清楚在工前会上有几次表达了"作业很简单"、安全员迟到了几次等，但他们会去大脑记忆中搜索这些画面。

　　现在我们观察到两个现象。

　　现象一：在纸上写下"工作组成员安全意识淡薄"后，不再记录上面的 4 个事实，但他们以为自己已经记录了全部的事实。

　　现象二：在起立口述事实时，他们又会自然而然地搜索脑海中的画面，补充这 4 个事实。

　　这背后是什么原因呢？经过访谈学员们，发现现象一的原因是他们在写"事实"时，只需要说服自己，而他们自己脑海中本来就有完整的视频画面，

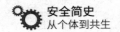

在写下"工作组成员安全意识淡薄"之前就已经自己说服自己了，所以系统 2 不会启动，写下观点以为是事实——系统 1 不自知。可是，在现象二中就完全是不同的表现，因为在众目睽睽的压力之下，系统 2 会启动运行，当表达完"工作组成员安全意识淡薄"后，系统 2 立即发现说服力不足，必须用更多的具体事实来证明这说法是正确的。

可见，纯粹的观点难以服众，事实才有说服力。

评估的目标是要帮助受评方提升，这就需要说服受评方，而只有事实才具有这样的力量。

可是，并不是每一个事实都有强大的说服力。事实的力量来自于两个部分：事实表达的后果，事实背后的洞见。

对比下面三个事实描述：

事实一：一名员工被蒸房一台阀门泄漏的蒸汽烫伤，但是该被烫员工未将此情况上报，也未采取纠正措施。

事实二：一名员工被蒸房一台阀门泄漏的蒸汽烫伤，但是该被烫员工未将此情况上报，也未采取纠正措施，致使另一名员工误入蒸房时被烫身亡。

事实三：一名员工被蒸房一台阀门泄漏的蒸汽烫伤，但是该被烫员工未将此情况上报，也未采取纠正措施，致使另一名员工误入蒸房时被烫身亡。经调查，企业没有问题报告平台与经验反馈共享的机制与文化，这是事故价值没有被有效挖掘、组织能力没有被持续改进以防止事故重发的原因。

相较来看，三个事实的力量逐个被放大。如果我们细心观察会发现，力量感最强的"事实三"拥有一个放大力量感的结构：偏差＋后果＋原因（洞见），而这三部分都是客观的事实描述。

WANO 对于事实的严苛规范要求，就体现在事实结构上。WANO 认为，一个具有说服力的事实，由三部分组成：

- What（绩效偏差）：绩效偏差，与卓越之间的客观差距。
- So what（偏差的后果）：使人信服的后果描述。

◆　Why（原因，即事实背后的事实）：绩效偏差背后的管理偏差，需要穿透现象洞见到本质。

具体到上面的例子中：

一名员工被蒸房一台阀门泄漏的蒸汽烫伤，但是该被烫员工未将此情况上报，也未采取纠正措施（What），致使另一名员工误入蒸房被烫身亡（So what）。经调查，企业没有问题报告平台与经验反馈共享的机制与文化，这是事故价值没有被有效挖掘、组织能力没有被持续改进以防止事故重发的原因（Why）。

这个事实当然具有强大的说服力，如果能找到 15 个或更多反映问题报告平台与经验反馈机制缺失的事实，就可以形成一份待改进领域（area for improvement，AFI）报告，它足以说服企业高管们去构建问题报告平台与经验反馈机制。

然而，这样的事实却不是很容易获取和描述出来的。

在员工被烫伤的事实描述中，就包含了 3 个事实：员工被烫伤没有上报，另一名员工因为同样的原因身亡，问题报告平台与经验反馈机制缺失。不仅如此，这 3 个事实还要相互关联，层层递进。更为重要的是，在 Why 部分要反映出深刻的洞见，以揭示组织管理上的缺陷。

在上面的案例中，"问题报告平台与经验反馈机制缺失"是导致事故重发的原因，这是一个洞见。

只有具备丰富的从业经验，才能从纷繁复杂的事实中发现千丝万缕的联系，最后以一个深刻的洞见来穿针引线，挖掘出一份有价值的 AFI 报告来。

这正是评估受到各国核电站欢迎的原因，强有力的事实集、深刻的洞见、评估本身自带的仪式感可以撼动核电高管们的成见，为下一步的组织改进积累相当有力的知识。

鉴于 WANO 同行评估的良好实践效果，国内各核电集团、核电站开始自行组织内部的评估，中国核能行业协会承担组织与指导之责，发展了一大批内部评估员，开展了包括综合评估、专项评估在内的各种评估活动。在这个过程中，欧依核电站等多个核电站敞开怀抱、海纳百川，广泛协同内外部资源，使内外部评估常态化，由评估带来的组织改进成为日常。

21

根本原因分析

在个体时代，常常看到事故报告中出现这样的描述："当事人安全意识薄弱。"现在，我们知道这是一个观点，是一个评判。

现在我们来做一个想象实验。假设有一名熟练的汽车修理工名叫李愚，最近摊上了一件事。近来，由于交通异常，汽车修理厂工作量大增，李愚比以前更加忙碌。一次，他修理一辆日本车时，不小心将发动机机油错加到变速箱里面，幸好及时发现，避免了潜在的交通事故，但汽车修理厂面临损失。

面对这样一起事件，有以下两种处理方式。

第一种方式：杀鸡儆猴。

这是一个有影响的事件，李愚应该被训斥。并且，本着对车主负责、对企业负责的态度，应扣发李愚当月奖金，全厂通报批评。除此之外，还要编写事件报告，在报告中明确"事件的根本原因是李愚安全意识薄弱"，并明确处罚明细。这一系列做法是不得不执行的，因为必须以此事件作为反面教材，教育其他员工，工作中必须杜绝犯错，犯错是不能容忍的。

处理完毕之后，车主不再有意见，李愚也没意见，各个部门的舆论也趋于风平浪静。几天之后，这起事件就像没有发生过一样，这让汽车修理厂领导很满意。对于修理厂来说，不但没有损失，反而还从李愚的月奖里抠出来一点钱，节省了修理厂的人工成本。

第二种方式：借机改进。

先组建事件调查组，寻找全部事实。

调查组可能会发现如下事实：

（1）他们从计算机中调出最近一段时间的修理记录，发现"李愚负责维修的车辆最近增加了30%，而他所在的岗位人手并没有增加"。

（2）李愚的孩子刚上学，上幼儿园不适应，整夜哭闹，影响到李愚休息。

（3）李愚所保养的这种车，最近有没有进行过技术培训。询问得知，这种车是从日本新引进的车型，发动机机油加注口和自动变速箱油加注口的位置很近，而且非常相似，很容易混淆。调查组询问了其他技师，大家都表示如果换成自己，恐怕也会出错。

（4）附近的另一家汽车修理厂也发生了类似事件。

（5）李愚并非故意犯错。

之后，事件调查组运用责任天平（见图2.7），进行"替代试验"，认为即使将李愚换成别人，也不能确保不发生该事件。

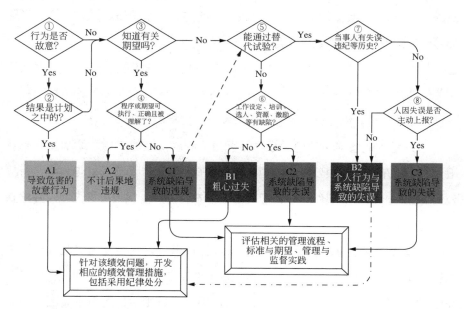

图 2.7　责任天平

注：A 表示个人责任；B 表示系统缺陷与个人责任；C 表示系统缺陷。

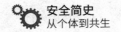

于是，事件调查组一致认为该起事件的根本原因与李愚无关，根本原因是"汽车修理工工作负担管理"与"问题报告管理"出现了问题。事件调查组将此结论报告修理厂的高层后，高层认为这次事件可以帮助修理厂改进管理。

最终，修理厂并没有惩罚李愚，反而对其进行了一些休假补偿。在组织管理上，修理厂建立了《工作负担管理制度》，与同一集团内的其他修理厂建立了相互支援的机制，不过，需要额外付出临时增加的人工成本。另外，修理厂在本厂内建立 OE 管理平台与机制，并将本厂产生的 OE 与同行业内其他修理厂共享，在暴露自家问题的同时，还不断学习其他修理厂的良好实践与经验教训。

在这个想象实验中，我们看到了完全不同的两种处理方式：杀鸡儆猴与借机改进。短期来看，"杀鸡儆猴"的方式立竿见影，还节约了成本，"借机改进"的方式本身就耗费成本，还要增加长期成本。但同时我们也看到，"杀鸡儆猴"的方式并不能阻止事故重复发生，因为在组织内并没有建立起帮助修理工防范失误的能力，"杀鸡儆猴"的本质是"杀鸡却不儆猴"，因为它杀掉了组织得以改进的"鸡"（机会）。相反，"借机改进"的方式使组织得以成长，构建了更加强大的组织能力，组织可以为员工赋能更多。

2014 年 9 月 22—26 日，欧依核电站邀请中广核集团的汪先生，为公司副总经理及以下的生产管理干部进行了为期一周的"事件根本原因分析"技术培训，自此之后，欧依核电站启用了根本原因分析制度。

不只是欧依核电站使用了根本原因分析制度，欧依安盾帮助福清核电有限公司、山东核电有限公司、中国核电工程有限公司、浙江浙能电力股份有限公司、爱柯迪汽车零部件有限公司等企业培养了一大批根因分析人才，并建立起根因分析制度。

根本原因是最基本的原因，如果被改正或者消除将会显著降低或预防事件重复发生的可能性。根本原因分析包括事件调查、原因分析、纠正行为三个环节（见图 2.8），它的目的是还原事实真相，从真相中找到根本原因，并开发出消除根本原因问题的纠正行动，以阻止事件重复发生。

图 2.8　根因分析过程

　　根本原因分析是一套赋能工具，它赋予组织正确进行事件真相还原、根本原因分析、纠正行动开发的能力。

　　根本原因分析是一场仪式，事件发生后，人们不必忙于躲避、推卸责任或争论是非，相关人等按照根本原因分析仪式要求自动入场，隆重的仪式感可以将各方面的人力资源，尤其是领导资源，按照一定的形式有序地组织起来，共同发现问题、解决问题。

　　根本原因分析更是一种思维方式，它主张在错误中发现价值，把成功建立在失败之上。

　　马修·萨伊德（Matthew Syed）在《黑匣子思维》一书中写道：失败中蕴藏着学习的机会，原因很简单：无论失败以何种方式出现，它总是代表与期望的背离。失败告诉我们，从某种意义上来说，这个世界与我们想象中并不相同。失败就成了指路明灯，它向我们展示了这个世界中还未被我们熟知的部分，并向我们提供了重要的线索，指引我们去改进理论、策略与行为。从这个角度说，那个在事故发生后被常常提起的问题——"我们能承受调查所要付出的代价吗？"——似乎问错了。真正的问题应该是"我们能承受不去调查所要付出的代价吗？"。

　　马修·萨伊德将根本原因分析的思维方式称为"黑匣子思维"，原因是航空业的屡次改进都是从失事飞机的黑匣子中找到的线索开始的。比如，《黑匣子思维》一书中提到：20 世纪 30 年代，在经历了一系列坠机事故后，航空业界建立了检查表制度；一连串 B-17 轰炸机的坠毁则催生了驾驶舱的人体工学设计；在联合航空 173 号航班事故发生之后，机组资源管理制度诞生了。

　　核无小事，核电同样采用黑匣子思维。核电在 1978 年三哩岛事故后，美国各大电力公司出资成立了美国核电运行研究所（Institute of Nuclear Power

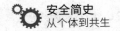

Operations, INPO），美国核管会（Nuclear Regulatory Commission, NRC）把工作重心从审批新建核电厂转移到监管在运核电厂上来，全面推行驻厂监督员制度，加强信息交流与经验反馈，改进应急响应，开展严重事故研究；对操纵人员培训与执照考核提出更严格的要求，责令反应堆供应商改善人机接口，优化工作环境，主控室配备安全参数显示系统等。在 1986 年切尔诺贝利核事故之后，"安全文化"的概念首次被提出 [由国际原子能机构（International Atomic Energy Agency,IAEA）提出]，并且，世界各国的核电运营者意识到，任何一个核事故都会对全球其他核电站造成影响，因此世界核电运营者协会应运而生，以加强彼此交流与合作，推动有效的经验反馈，共同防止核事故发生……

根因分析的方法不仅仅能解决一起事故或未遂事件的问题，还能对多起事故 / 事件进行分析处理。欧依安盾首席运营官（Chief Operating Officer,COO）罗小华曾带领刘刚与骆宾等研究人员，对福清核电 2015—2017 年的人因类事件进行分析研究，该研究采用纵向根因分析法，通过对多起同类事件及其处理结果进行分析，改善了福清核电在事件报告与调查、根本原因分析、纠正行动开发等方面的管理，提高了其使用 OE 的有效性与根因分析能力。

回过头来看，无论是核电的根本原因分析，还是航空的黑匣子思维，都与汽车修理厂李愚事件第二种处理方式"借机改进"相似。

尼采说："任何不能杀死你的，都会使你更强大。"这就是根本原因分析的精髓。

与汽车修理厂李愚事件第一种处理方式类似的，是马修·萨伊德在《黑匣子思维》一书中讲述的美国司法系统的运作方式。

1992 年 8 月 27 日，美国伊利诺伊州沃克岗小镇有一名 11 岁的女孩霍莉·斯塔克被人奸杀，身中 27 刀。警方很快找到了一名居住在凶案现场几公里外的嫌疑人：19 岁的胡安·里维拉。虽然里维拉的口供与犯罪事实出入很大，但经过 3 天审讯，尤其是最后一场连续 24 小时的审讯，里维拉在警方拟定的认罪书上签字了。

几个月后，审判开始了。虽然现场没有目击者，虽然里维拉没有暴力倾向，虽然没有任何证据证明里维拉去过凶案现场，虽然凶案现场的人体组织包括血液、毛发、皮肤屑、指纹等没有一样属于里维拉，但是，社区的一名年幼的女孩被残忍地杀害了，人们处于悲痛之中。陪审团很快做出决定，里维拉被判终身监禁。

DNA 技术被广泛应用后，里维拉的代理律师于 2005 年申请了 DNA 鉴定。而此时的里维拉已经在狱中度过了漫长的 13 年。5 月 24 日，DNA 鉴定结果显示，霍莉·斯塔克尸体内发现的精液不属于里维拉。但这不是故事的结局，因为在那天之后，里维拉又在狱中度过了 6 年。

马修·萨伊德在《黑匣子思维》中对美国的司法体系做出了评述：司法体系本身好像不是为了从错误中学习，反而是为了掩盖错误而存在的。

不难发现，从某种意义上来说，汽车修理厂李愚事件第一种处理方式"杀鸡儆猴"，与美国司法体系的运作方式有极大的相似之处，二者都是着眼于过去，对人这种个体进行"审判"或"判决"。

核电与航空系统，则与汽车修理厂李愚事件第二种处理方式"借机改进"有极大的相似之处，二者都是着眼于未来，对组织加以改进，使之更具协同性。

如果站在时代之差的角度来审视，"杀鸡儆猴"的方式正是英雄时代企业安全生产管理的特点，它的管理理念是"审判"；而"借机改进"正好表达了协同时代企业安全生产管理的方式，它的管理理念是"协同"。

英雄时代靠英雄维系着安全，但英雄常常遭受"审判"；协同时代由全员协同管安全，不见英雄更胜英雄。

2020 年 3 月 10 日，国家应急管理部在新闻发布会上介绍，应急管理部将推动修订出台新的《安全生产法》，推动《危险化学品安全法》提请审议，修订《煤矿安全条例》等法律法规，特别是推动修订《刑法》修正案，将事故前的严重违法行为入刑，通过法律加大安全生产整治的力度。

这一措施将追责关口前移，变事后追责为事前追责。即使不发生事故，企业也再难蒙混过关。这将倒逼企业"从着眼于过去"变成"着眼于未来"，

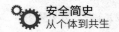
不得不为了满足法规要求而对组织加以改进，在一定程度上给企业从个体时代迈入协同时代注入了能量。当然，这也考验主管部门的执法能力。但无论如何，"事故前的严重违法行为入刑"推动了时代的进步。

值得指出的是，根本原因分析的流程中包含了纠正行动的开发，而纠正行动必须满足 SMART 原则才可能具有有效性。SMART 原则是指：

S—明确的：清楚地描述期望的结果或行动，不要仅仅是重新描述状态。

M—可测量的：清晰地定义需要完成的行动内容从而审查者能够轻松地判定行动是否完成。

A—责任明确的：确定负责实施行动的部门与个人。

R—合理的：行动项应当在执行此项行动的部门与个人的能力范围之内。

T—及时且有时间限制的：提供合理的启动与截止日期，从而保证在重复事件产生更为重大的影响之前有充分的时间完成行动项。

在 SMART 原则的标准下，诸如"加强岗位人员安全培训""进一步完善×××制度"等纠正行为描述就不会再迷惑众人视听、浪费管理资源了。

22

防人因失误

美国三哩岛事故后，美国国内各核电站为了提高核电站的安全可靠性，成立了美国核动力运行研究所（INPO）；切尔诺贝利核事故后，世界各核电营运者意识到必须加强与各核运营单位之间的交流与合作，推动有效的经验反馈，建立核安全文化，于是成立了世界核运营者协会（WANO）。INPO 和 WANO 都致力于分享运行经验、推广安全文化，防人因失误是其中不可缺少的内容，因为防人因失误是企业全员都必须使用的行为安全管理工具。

事实上，INPO 在 1997 年首次正式发布的概念是"人员绩效工具"，这一概念和方法由 WANO 于 2002 年开始在全球范围内推荐使用。

由于"人员绩效"一词在中文环境下容易令人产生理解偏差，国内多采用"防人因失误"取而代之。

防人因失误工具如表 2.1 所示。

防人因失误工具来源于人员绩效方法论。

1993 年，INPO 成立了一个特别人员绩效审查委员会，致力于为商用核电站开发可以持续改进人员绩效的行动。1997 年，INPO 发布《卓越的人员绩效》手册，总结了 INPO 在个人行为、领导行为和组织因素等方面增进人员绩效的研究成果，其中就包含人员绩效方法论。

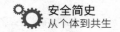

表 2.1　防人因失误工具表

工具类型		工具名称	适用对象	适用情形
领导工具		事件时钟、学习时钟、事件调查、责任天平、观察指导	所有人员	管理
知识工具		工程项目管理、承包商监督、工前会、自检、质疑的态度、验证假设、"勿扰"标识、同行评估、保守决策、签名、工作交接、设计审查会、工后会、工作审查	办公室人员（即二线人员）	知识型任务
动手工具	基本工具	工作预想、工前会、工作现场检查、质疑的态度、不确定时停下来、自检、遵守程序、进度跟踪、三向交流	一线作业人员	任何一线工作
	条件工具	peer check（他检）、平行验证（CV）、独立验证（IV）、标识、工作交接、工后会		据工作环境、任务要求或风险而定

　　人员绩效方法论提供了一套完整的理论和实用工具体系。人员绩效方法论认为，在公司范围内倡导人员绩效方法，员工们最终会清晰地认识到，任何个人的行为都会对他人、对电厂产生影响，人员绩效的持续提高可以改善公司的核安全文化，提升公司的运行业绩。

　　人员绩效方法论指导人们"做正确的事，以减少人因失误"。防人因失误工具是一系列的措施，能用来减少人因失误的发生，帮助发现潜在的组织缺陷，最终减少事件发生的频率和严重程度。

　　人员绩效方法论着力于找到人们工作过程中或工作环境中发生人因失误的源头，并对这些源头予以消除或进行预防。美国能源部于 2007 年在《人员绩效改进概念与原则》（*Human Performance Improvement Concepts and Principles*）文件中指出：行业数据表明，80% 的事件由人因失误引起，这些事件中，有 70% 的事件其原因是组织管理上存在缺陷，另外 30% 的事件原因是个人，如图 2.9 所示。

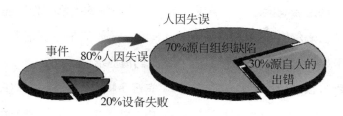

图 2.9 人因失误事件占总事件数比重

特里·麦克斯温博士在其著作《安全生产管理：流程与实施》（第 2 版）中写道：研究结果显示，在杜邦公司（过去 10 年）发生的伤害事故中，96% 是由于不安全行为造成的，只有 4% 是由不安全的环境条件造成的。他们的研究支持了一项 1929 年就发现的成果，这一成果显示，在所有的伤害事故中，88% 的事故是由员工不安全操作行为引发的，远远大于不安全环境条件引发的事故数。杜邦公司的研究数据支持了该成果的可信度。

事实上，杜邦公司的研究数据也支持了美国能源部发布的数据的可信度。不过，人因失误与人的不安全行为是不同的概念，因为有一些不安全行为并非无意识的"失误"，而是有意识的违章。当然，违章并非都是故意的，许多违章是无意识的，不过尚未有研究数据表明无意识违章占违章多大的比重。

因此，对防人因失误的研究就显得相当重要，它的研究成果可能能够解决 80% 的伤害事故问题。

以上是人员绩效方法论的基本概念，这些基本概念正是开发防人因失误工具的原因，以及 INPO 在美国核电行业推广使用防人因失误工具的原因。

在 INPO 的推动下，西屋电气公司、各核电集团以及相关方都开始发布相关文件，推广使用防人因失误工具。

西屋电气公司于 2008 年在公司范围内发布和推广使用《核电站人员绩效手册》，并开设专门的课程，要求公司每一个雇员、合同工、在西屋培训的业主和同行等都必须完成。西屋公司每月向每一个工位分发一个防人因失误工具学习资料，并在宣传栏展出防人因失误工具的事件时钟和学习时钟，在西屋公司的电子信息平台中还专门设置了经验反馈数据库等。

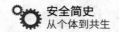

另外，西屋公司因承担了美国一半以上核电站的大修工作，在宾夕法尼亚州的华尔兹米尔检修基地（Waltz Mill Site）构建了防人因失误工具培训实验室，用于对检修人员进行防人因失误工具的模拟培训。

美国南方核电运营公司（SNC）旗下有 3 个核电站，即法利（Farley）核电站、哈奇（Hatch）核电站和沃格特勒（Vogtle）核电站（4 台机组）。

SNC 很重视防人因失误工具的使用，从集团层面开发了《人员绩效大纲》，大纲下挂有两份表格和七份程序。这些文件规范了 SNC 各级管理人员在人员绩效上的职责，明确了电厂和各部门的人员绩效审查组的工作职责和工作流程，并规范了对人员绩效事件进行访谈的内容；它要求电厂所有员工必须获得人员绩效资质，规定了获得该资质所需的培训内容；SNC 还在程序中列出了一线人员必须使用的防人因失误工具，以及从事脑力劳动的人员必须使用的防人因失误工具。

防人因失误工具的推广使用，使 SNC 的人员绩效水平持续提升，电厂业绩领先全球。当然，早在 20 年前，防人因失误工具刚推出使用时，也遭到过电厂人员的抵制，但终究通过各种努力，获得普遍的认同。

美国 INPO 旗下 NANTeL（National Academy for Nuclear Training e-Learning）网站提供的课程是美国所有核电站人员进入核电站开展大部分工作之前所必需的，可以将 NANTeL 的培训和考试理解为核电厂入厂培训。

在 NANTeL 的课程设置中，防人因失误工具是必修内容，不过仅限于八大防人因失误工具，即他检（peer checking）、自检（self checking）、质疑的态度（questioning attitude）、工前会（pre-job briefing）、三向交流（three-way communication）、遵守程序（procedure use and adherence）、进度跟踪（place-keeping）、字母发音表（phonetic alphabet）等。

美国杜克能源集团和 Exelon 公司等也都开发了专门的程序用于规范防人因失误工具的使用。

在国内，对于防人因失误工具体系的使用，以大亚湾核电站和秦山第三核电厂较早。

　　大亚湾核电站于 2001 年对人因管理现状进行了评估和诊断；2003 年，大亚湾核电站推出运行人员的"三大法宝"；2004 年，大亚湾核电站在运行和维修领域推行行为规范；2006 年，开发了六张防人因失误工具卡，配发给所有员工，并组织进行防人因失误行为训练；2008 年，对六张人因工具卡进行评估；2009 年，建立无人因事件时钟……在防人因失误工具的推广应用，及其他各项管理措施并行的情况下，大亚湾核电站的运行业绩节节攀升。截至 2009 年 8 月 31 日，大亚湾核电站已连续安全运行 15 年，1 号机组自 2002—2009 年，连续六个燃料循环无非计划自动停堆。

　　秦山第三核电厂邹正宇于 2010 年撰写了《基于人员绩效理论的秦山第三核电站人员绩效管理与持续改进》的论文，总结了秦山第三核电厂在防人因失误体系的建立上所做出的努力，主要包括 3 个方面的工作：提高员工素质、规范员工行为、减少人因失误；完善防御体系、防止重大事故发生；建立核电站绩效改进模型、持续改进核电站防御体系。通过这些措施的应用，秦山第三核电厂的运行业绩持续增长，运行事件数量从 2003 年的 21 起逐步减少至 2009 年的零事故纪录，1 号和 2 号机组的 WANO 性能指标综合指数排名从 2005 年的 137 名和 189 名分别跃升至 2009 年的 25 名和 31 名。

　　欧依核电站作为后起之秀，是全球三代核电技术 AP1000 领跑者，采用全数字化主控室技术，在数字化运行环境下的防人因失误方面进行了一些开创性的研究工作。

　　近年来，随着设备可靠性管理的不断提升，设备故障引发的事故比率大大降低，人为因素引发的事故占比越来越高、越来越受关注，防人因失误的重要性逐渐加强。各大核电集团都不约而同地将防人因失误作为核电运行安全的重点技术攻关领域，甚至电网（如华东电网）、火力发电（如浙江浙能电力股份有限公司旗下兰溪电厂）、冶金（如新兴铸管有限公司）、航空工业（如中航工业集团）、汽车零部件制造业（如宁波爱柯迪股份有限公司）等也都将防人因失误作为其安全生产管理提升的突破口。

　　尽管防人因失误已经在核电以及其他行业的少数企业如火如荼地发展起

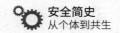
来，但在中国的绝大部分企业，恐怕还没有听说过"防人因失误"这个词。这种情形就如同 2009 年年底的欧依核电站。当时，防人因失误工具早已在美国核电行业盛行多年，而直到 2009 年我从美国西屋电气结束访学之旅回到欧依核电站时，同事们尚未对其有所耳闻。直到 2011 年欧依核电站的各级领导干部趁着对标美国的东风赴美学习时，才领略到了防人因失误仪式感的震撼。

想象一下这个场景：单个员工独自在现场作业时，每执行一个操作前，都先手指设备、大声读出运行规程中的内容，然后执行，执行完成后确认结果是否满足预期。

这是许多同事当时反馈的美国核电站作业现场素描。它给人的感觉如同"路口自觉停车"的安全行为：不管有没有 STOP 交通标识，不管主路上有没有车辆开过来，从支路开上主路之前必先停车观望后再重新起步（这也是美国交通素描），而爱柯迪的"手指与列队"也同样如此。

这几个场景都带着肃穆的仪式感，无需他人提醒，无需系统监督，自觉行为的背后是对安全的极度信仰——这正是防人因失误令人着迷的地方：它借助系列仪式，表达对安全的信仰与追求。

防人因失误系列"仪式"包括但不限于不确定时暂停、遵守程序、明星自检、工前会、现场检查、三向交流、进度跟踪、他检、独立验证。

它们的仪式流程分别是：

1）不确定时暂停

停止行动、提出暂停、置于安全状态、寻求援助、解决问题、继续任务。

2）遵守程序

通读程序、理解内容、遵照执行、检查结果。

3）明星自检

STAR：Stop（停）、Think（思）、Act（行）、Review（审）。

4）工前会

详见下节内容。

5）现场检查

确认所在机组／序列／设备是否正确，确认 PPE（个人安全防护用品）是否合适，确认关键步骤是否清楚，确认是否有异物侵入的风险，确认是否存在工业安全风险，比如：尖锐物体、热或湿的表面、高空坠物、地面障碍物、滑倒／绊倒／摔倒的危险、照明、通风、进出口通道、危化品、电火花等，确认工作条件符合预期。

6）三向交流

"三"个步骤：发信—复信—确信。

7）质疑的态度

三步：观察并提出问题，核实问题，提出暂停并真正停下来。

8）进度跟踪

"画圈—斜线"。

9）他检

找个路人甲做帮手，两人同时分别对要进行的操作进行自检。

10）独立验证

一组（个）人，在不同的时间，对另一组（个）人的行动结果进行独立检查。

防人因失误细节繁多，实操性强，管理成本低，它们帮助作业人员形成偏安全的脚本行为，安全防护效果显著，这是它从核电行业起步，获得了多个行业青睐的重要原因。感兴趣的读者可以参考汤三藏（我的笔名）写的另一本书《重新定义安全》，该书第 1 版于 2016 年 9 月发布，首印 10 000 册，售价 50 元，很快售罄，到 2019 年 9 月时，京东、淘宝、亚马逊上的二手书售价已经高达 288 元，可见防人因失误的理念正在逐渐走向市场、深入人心。

风 险 预 控

在众多的防人因失误工具中，几乎都能在传统生产现场找到一些影子，比如，"一停二看三通过"有点类似"自检"，开车前绕车一周有点类似"现场检查"……但唯独"工前会"这个工具常常被认为是"安全交底会"，这是一个误解，因为安全交底会并不是有效的风险预控工具，工前会才是。

风险预控管理有 4 个必不可少的元素：

（1）危险源识别；

（2）风险评估；

（3）制定管控措施；

（4）风险管控评价。

这 4 个元素都无法在安全交底会中体现，但在工前会上就能做得很好，这是由会议的假设、形式和流程决定的。

我们先以电影《速度与激情 5》中攻陷里约热内卢的剧情为案例，对工前会的假设、前提、形式和流程做一个梳理。

工前会，顾名思义是开工前的会议。

在电影中，多姆和布莱恩要从警察局抢劫一个装满现金的巨大保险箱。

这个巨大的保险箱虽然存放在警察局的金库里，但它属于里约市的黑帮头子雷耶斯。

多姆和布莱恩抢劫雷耶斯，这个活动具有高风险的特点：多姆和布莱恩是逃难到此的外来户，而雷耶斯作为里约城最大黑帮的大佬，掌握当地经济，是黑白两道的实际控制人，手下有里约最强大的黑帮武装力量，以及被收买的里约警察局，他不择手段、血腥残暴。

这是一场力量悬殊、毫无胜算的赌局。更加不利的是，美国王牌探员霍布斯召集了一帮人也参与到追捕多姆和布莱恩的活动中。

为了完成这项不可能的任务，多姆和布莱恩找来一个团队，他们都是各自领域顶尖的高手，分别是：

- 多面手，能在任何场合变换角色的人——韩、吉赛尔；
- 能说会道的人，能用嘴皮子搞定一切的人——罗曼；
- 能搞定监控设备，熟悉各种保险箱结构、材料、型号，且能破解保险箱密码的网络黑客——泰基；
- 负责设备和武器，不惧危险，能胜任以上任何工作的人——多姆；
- 负责监控路况和指挥交通的人——米亚；
- 懂得精准爆破技术，具有多次成功抢劫经验的人——里奥、桑多。

而多姆自己是一个具有多次犯罪活动组织经验的匪首，布莱恩是永不失手的稳妥车手。

为了成功抢劫雷耶斯，逃离警察局，躲开霍布斯，多姆和布莱恩将抢劫雷耶斯这个项目进行了任务分解，具体分解为以下 5 个活动：

（1）将 11 个藏金点中的 1 个烧毁，诱使雷耶斯把剩下 10 个藏金点的钱汇总到一块，因为不可能以相同的方式抢劫雷耶斯 11 次；

（2）了解保险箱的材料和型号，事先掌握打开保险箱的方法；

（3）进入金库所在地证物科，截获证物科内部摄像头信息，进行现场熟悉，设计出神不知鬼不觉地拖走保险箱的方案；

（4）定位和追踪霍布斯，避免其搅局；

（5）抢劫金库，调包保险箱，除掉雷耶斯（也可以看作是 3 个步骤相继开展）。

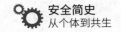
细心的观众会发现，在开展每一个活动之前，多姆都会组织开一次会。如果读者朋友们对匪徒如何开工前会感兴趣，请再去欣赏电影《速度与激情5》。

值得一提的是，在以生命为赌注的抢劫活动前开的会，确实满足了工前会的要求。有的读者朋友会提出来，对于这种故意为之的犯罪活动，谈不上人因失误了吧？不对。

犯罪活动风险太高，尤其是这次活动的风险，不成功、便成仁，因此多姆和布莱恩十分注重风险预控。

以第五个活动为例，看看"多姆式"风险预控是如何进行的。

"多姆会"的目的是让团队成员理解三件事"抢劫金库，调包保险箱，除掉雷耶斯"，于是召开工前会进行风险预控管理。

工前会第一要务：让每一位团队成员充分理解任务的顺序，了解各自的角色和职责，以及希望得到的结果。

在这个活动中，实际分为3步，顺序进行，可以认为是3个子任务。

对于抢劫金库这一任务，安排霍布斯（此时的霍布斯已转变阵地加入团队）与巴西女警察埃琳娜负责撞开保险箱的墙，以及掩护多姆和布莱恩拖运保险箱；安排米亚监测路况和指挥交通；安排多姆和布莱恩负责开车拖运保险箱，而韩与罗曼负责驾驶警车随同保护保险箱的拖运。

对于调包保险箱这一任务，安排吉赛尔开卡车，准备好假保险箱，与里奥、桑多一起在桥下等候多姆和布莱恩的车队；而里奥、桑多则负责解锁真保险箱，锁套假保险箱；之后3人将装载真保险箱的大卡车开到安全地点。

对于除掉雷耶斯这一任务，则充满了生命危险，多姆决定自己亲自操作，所以他并没有将这一任务纳入工前会，尽管霍布斯也提出来要干掉雷耶斯。

但多姆在会上仍然指出了要点：里约城黑帮大佬雷耶斯在乎的就是保险箱里的钱，只要控制了保险箱，就控制了雷耶斯。因此多姆的计划是利用假保险箱将雷耶斯所有的火力全吸引到大桥之上，以让其他人顺利脱身，与此同时，他要亲手消灭雷耶斯。

工前会第二要务：识别危险源，找出关键步骤。

抢劫活动仅有一次机会,不可能重来一次,因此,为了保证成功,需要避免关键性的失误。

尤其对于前两个活动,各有一个关键步骤不能有丝毫闪失:霍布斯的装甲车撞开金库的墙,不能撞到别的地方,必须正对着保险箱;在桥下调包保险箱,只有 10 秒钟的时间,否则不但拿不走真保险箱,也无法将雷耶斯骗到桥上。在这两个关键步骤上,需要避免出错。

这里我们反复提到"关键步骤",关键步骤就是面临最大危险源的操作步骤。一旦操作不当,可能引发不可逆的沉重后果,这就是关键步骤的定义。工前会上不但要识别危险源,还要讨论避开的方法,这方法就写在了操作规程的"关键步骤"里。

工前会第三要务:风险评估与后果预见。

这不仅需要工前会上的每个人都了解即将发生的情况,还需要大家踊跃发言进行风险评估,提出自己的顾虑和评估结论。不得不感叹,多姆团队做得非常到位,没有一个熊包,的确是一群顶尖匪徒。

工前会第四要务:制定控制措施。

在拖运保险箱的过程中,多姆和布莱恩面对的是全城的武装力量,为了活下来,并将保险箱拖运到指定地点,他们制定了严密的风险控制措施,由米亚指挥交通,韩和罗曼沿途保护,赛车手多姆和布莱恩驾驶车辆。

多姆召开的工前会四大要务覆盖了风险预控管理四大要素中的前三项,但工前会之所以在风险预控上成效显著,是因为它还遵循了以下四大原则,这些原则与安全交底会是完全不同的。

(1)假设:工前会没有等级制,它假设所有与会者地位是完全平等的,假设每一个与会者都不可或缺,假设每个与会者都是责任人。这与安全交底会的等级制假设完全不同。

(2)前提:工前会能正常召开的前提是与任务相关的人都参加会议,并且,在参加前所有与会者都已经查看了相关资料,基本了解情况,并带着问题而来。工前会需要每一个相关人的智慧。安全交底会则允许相关人不了解情况,安全交底会的目的之一便是告知任务内容，安全交底会还允许相关人缺席会议，之后补充交底。

（3）形式：工前会的形式是圆桌讨论，主持人采用开放式的问题激励与会人员积极思考和发言。安全交底会则是一对多的宣贯式会议，没听明白的人也会迫于这种会议形式造成的"同伴压力①"而隐藏真正的顾虑与问题。

（4）流程：工前会针对不同风险等级的任务有不同的流程，但所有都要包含 SAFER 五问，即分别以 S、A、F、E、R 这 5 个字母开头的单词代表的会议环节。

Summarize（关键步骤总结）：关键操作（关键步骤）是什么？如前文所言，本次任务有两大关键步骤——撞击金库、调包保险箱。

Anticipate（风险预测）：有哪些可能导致失败的风险？他们在工前会提到了最大的风险——警察局增加了两倍的人手。

Foresee（后果预见）：可能导致的最糟糕后果是什么？吉赛尔说："生死攸关的时候，才能真正了解自己。"每一个人都很清楚，这次活动命悬一线。

Evaluate（屏障分析）：要保证成功，需要使用哪些防人因失误工具或屏障？现场检查：通过图纸和遥控机器人和第三个活动，对警察局及其金库的现场情况进行了摸底；安全沟通：交通指挥员米亚与司机多姆、布莱恩之间的沟通不能有差错；其他屏障：韩和罗曼驾驶的警车，霍布斯驾驶的装甲车，多姆和布莱恩的驾车技能，多姆选取团队成员的高标准……

Review（OE 审查）：有哪些运行经验反馈可以应用？这是工前会区别于安全交底会的又一大特点，工前会上所有人对于以前发生过的惨烈事故进行学习和分析，根据"可得性偏差"的心理学原理，系统 1 会大大提升安全意识。

我们再回过头来看雷耶斯，他为了应对多姆和布莱恩，做了什么呢？

雷耶斯是一个独裁者，他对手下也十分残暴，哪个倒霉蛋让他稍不顺心就会被一枪干掉。自恃有黑白两道强大的武装力量作为后盾，雷耶斯向来都顺风顺水，把美国中央情报局都不放在眼里，对多姆等人也就比较轻敌。这样的人物习惯了自己的封闭体系，习惯了独裁，习惯了排斥别人的智慧。他的眼中

---

① 同伴压力是指因害怕被同伴排挤而放弃自我做出顺应别人的选择。

自然不会有"工前会"这种平等协同的玩意儿，所以，面对多姆发起的挑战，他召开的是"安全交底会"。

从这个意义上说，多姆采用工前会建立了一个相互协同的有机组织；而雷耶斯通过安全交底会开启了提线木偶模式。所以，最后多姆团队战胜雷耶斯乌合之众的结局也算是合情合理的。

通过对工前会和安全交底会的对比，我们应该能比较深刻地认识到，安全交底会不是风险预控管理的落地工具，工前会才是。

当传统行业还在抗拒工前会的高要求时，核电行业又开始进一步细化了工前会的做法，将工前会矩阵化，对不同风险等级或不同频度的任务细化了执行要求，如表 2.2 所示工前会矩阵，它不再是"一刀切"的高要求。

表 2.2　工前会矩阵

分类	中、低风险	高风险
简单、高频工作	SAFER 五问	标准工前会检查单
复杂、低频工作	标准工前会检查单	特别风险预控会议

法国和英国的核电站以及中广核某些核电站开始使用的"三色工前会"，也同样是按照任务的高、中、低三级风险进行管理，不同风险级别采用不同的要求。

工前会不是用来进行风险预控管理的唯一工具，比较常用的还有风险预控卡、风险标识等。

任务完成之后，宜召开工后会对风险管控进行评价，以便持续改进。

24

观 察 指 导

20 世纪 70 年代，哈佛大学教育学家蒂莫西·高威发现了一个匪夷所思的现象：在他开设的网球训练课上，一位临时调来的滑雪教练，教出了优秀的网球学员，甚至学员的进步速度还要快于专业网球教练的学员。

高威对这一有趣的现象进行了深入的研究，发现了一个重大的秘密：学员的进步并非来自教练，而是学员自身。

滑雪教练在网球上并不专业，除了表扬和提问，他们对于学员的表现很难进行严格评价和纠正，这反而令学员更加愉悦和放松，训练时更能用心体悟身体与球拍的相互作用、击球瞬间球对球拍的反馈。相反，专业网球教练对学员的错误会职业性地进行评价和纠正，致使学员将注意力放到了动作是否符合教练的要求上，而忽视了身体与球拍、球与球拍之间的互动关系。

总的来说，非专业的滑雪教练激发了学员的自信，让学员看到了未来的潜能；而专业的网球教练磨灭了学员的自信，让学员只看到过去的错误。

个体时代的安全生产管理，正好是采用了网球教练的做法，以检查、纠正、控制为主。

特里·麦克斯温博士在其著作《安全生产管理：流程与实施》（第 2 版）中提到：纠正性的反馈几乎总是一种惩罚。

惩罚会导致了一系列的问题，而其中最严重的问题是，将员工本该有的责任心剥离出来。

在当今中国企业管理层中任职的领导干部们，是滑雪教练居多还是网球教练居多呢？

从 2018 年 12 月 18 日至 2019 年 12 月 17 日，我有意进行过一个大型实验，分别在 22 场培训中，给总计 2357 名学员播放了一个视频，以观察和记录学员们的反应。

视频中，一名顾客到面包店要购买一个罂粟籽面包，年轻的女柜员可能是个新手，在顾客的指点下才找到。女柜员对此比较懊恼，自言自语称自己是白痴。这时，顾客请求女柜员将罂粟籽面包切片，女柜员使劲回忆另一名同事教她如何操作切片机的内容，但回忆不起来，而此时那名同事正在打电话，孤立无援的情况下，女柜员选择了冒险。然而，她开动机器切出来的不是面包片，而是面包条。女柜员情急之下把手指伸进了机器，一根手指头被血淋淋地切断，落在槽中。

学员们看过视频后，我安排大家对视频内容进行讨论，对讨论内容不做任何限制。随机选取的学员们，回答几乎全是下面这些内容：

"这是个新员工，没有做好培训。"

"这个员工安全意识不足，冒险作业。"

"她没有使用规程。"

"设备没有达到本质安全的要求。"

"管理不到位，没有人监护。"

"在遇到疑问时，她没有停下来。"

"这个店的安全文化不好。"

正在阅读的你，心中是怎么想的呢？

这些讨论，几乎全都使用了否定词"没有""不足""不好""不到位"，都是纠正性的反馈。

2357 名学员中，只有 1 名学员给出了正面评价："这个员工算是有责任心的。"

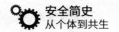
在这个实验的第一场，我很诧异大家的表现——居然没有人看到正面的表现。再到后来的 21 次实验，我就能准确预测大家的表现了，一边倒地"审判""纠正"（除了其中有一次有一人提出了正面评价）。

这个系列实验让我回想起了那位火电厂领导，他说"我们这一届员工不行""他们没有责任心"。看来，不止他一个人持这样的偏见。

做安全做久了，我们似乎忘记了还可以以肯定、褒扬的方式看待人、看待事。不知是什么样的原因导致了这样的社会现象呢？这是一个值得深思的问题，也是一个值得被改变的现象。

这个改变，可以从一个评价开始，从认同这名女柜员是面包店的英雄开始。

每个不良行为的背后也都有一个善意的动机。

为了不让顾客等待，不打断同事的电话，她宁愿"违章"以身涉险——这是强烈的责任心。毫无疑问，善意该用善意回报，她该获得表扬。不是表扬她的违章、她的冒险，而是表扬她的态度、她的责任心——这才是协同员工、激励员工、让员工成长的有效方式。

我带领欧依安盾团队在各个行业进行观察和研究，我们发现广大的一线作业人员，几乎都像这个女柜员一样，像本书开篇中的英雄一样，他们拥有无比宝贵的责任心，在遇到问题时通常会冒险作业，虽然决策时也会打着"前景理论"的小算盘（这个女柜员同样是在确定的损失面前选择了冒险，顾客站在跟前的压力对她而言无法承受），但他们愿意用生命去捍卫所在项目的利益，这就值得表扬！

可是，在我的受试者中，99.96%（2356/2357）属于"网球教练"，这说明我们还稳稳当当地处在个体时代，我们还有很大的上升空间。

当然，"网球教练"的每一句批评、每一句"审判"，背后也都有一个善意的动机：希望员工们不要涉险。

2012 年下半年，中国的核电行业还处于个体时代仰望协同时代的当口，观察指导尚未在核电行业普遍流行，欧依核电站于 2012 年 8 月第一个"吃了螃蟹"，启用了观察指导，之后秦山核电基地于 12 月批准实施《管理巡视和观察指导》。第二年夏天，我受邀到中广核大亚湾核电基地交流防人因失误，还没有人向我提起观察指导的概念……但仅仅一年之后，观察指导就如同雨后春笋般在各大核电站出现。

推行观察指导，并不意味着一脚迈进了协同时代，不过，观察指导是实现组织协同的必要思维与仪式。

从仪式上看，观察指导分为准备、观察、指导、后续跟踪 4 个步骤。以下是基本要点。

在准备阶段，有八大要点：要明白观察什么，要告知观察对象做好准备，与之约定时间地点，了解安全注意事项，准备好文件，带好相应工器具，穿戴好必要的个人安全防护用品（personal protective equipment，PPE），参加工前会。

在观察阶段，有三大要点：第一，做一个暖场，告知对方此行之目的（帮助提升），会做记录，但不会记录姓名，观察报告将存档，但不会影响奖金与前途；第二，不干扰观察，像影子一样，非到万不得已的危险时刻，不干涉或打断工作；第三，详细记录事实，而非观点。

在指导阶段，也有三大要点：第一，基于事实记录表扬作业人员，具体地表扬那些希望被强化的安全行为；第二，以提问方式对不安全行为进行指导，让员工发现自己每一个错误，并提出解决方案；第三，如果员工没有解决方案，可以给一些简单、实用的建议。

如果遇上多次指导不成功的"冤家对手"，可以启用五步法：第一步，陈述事实，一针见血，绝不添油加醋；第二步，等待对方反应，心理上挫败对方；第三步，明确提出期望，心理上进一步占领制高点；第四步，引导对方提出解决方案，拉对方一把，"鸡蛋从里面打破是生命，从外面打破是食物"；第五步，达成一致，给予鼓励，构成协同。

在后续跟踪阶段，有四大要点：第一，对录入系统的记录，进行统计分析，找出共性偏差，开发行动项；第二，对重点偏差，给予重点关注，开发行动项；

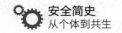
第三，对异常的对象，要重点跟踪和关注；第四，让组织学习这些偏差，发挥经验反馈的作用。

以上只是关于观察指导的生硬的知识点，仅仅掌握这些是远远不够的。

观察指导的根本目标是帮助对方提升、成长，帮其建立自信、责任心和觉察力，要实现这样的目标，必须有爱有胸怀。

我们不妨来做一个想象实验，体验一下爱和胸怀。

假设你是一所小学的校长，你看到操场上一个高个男生用泥块砸一个矮个男生，你打算怎么处理这件事呢？

上千人参与过这个实验，他们的答案是这样的：

"制止他们的打架行为，并教育高个男生打人是不对的。"

"让高个男生叫家长来。"

"批评高个男生。"

"询问原因，并要求高个男生向矮个男生道歉。"

碰巧，这个实验的素材并非想象的，它来自著名教育家陶行知先生的真实经历。

陶先生是这么处理的：陶先生制止打架后，令高个男生放学时到校长室去等他。放学后，陶先生来到校长室，发现高个男生已在等候了，看表情是等着挨训。这时，陶先生却笑着掏出一颗糖果送给高个男生，并说："这是奖励给你的，因为你按时来到这里。"高个男生接过糖果，眼睛里少了一些胆怯，多了一点疑惑。随后，陶先生又掏出第二颗糖果放到高个男生的手里，说道："这是奖励你的，因为我不让你打人，你立即就住手了，这说明你很尊重老师。"高个男生的眼睛里充满了惊讶，望着陶先生。这时，陶先生又掏出第三颗糖果塞到男生手里，说："我调查过了，你打那个男生，是因为他欺负女生。男子汉路见不平，拔刀相助，是很勇敢的行为。"高个男生感动极了，他流着眼泪后悔地喊道："陶校长，我错了，我砸的不是坏人，而是同学……"陶先生满意地笑了，他随即掏出第四颗糖果递给他，说："你正确地认识到自己的错误，再奖给你一块糖果。"

在实验中，虽然没有学员想到陶行知先生的方法，但听完这个故事，学员们纷纷表示豁然开朗。用爱和胸怀，陶先生保住了高个男生见义勇为的高贵品质，还潜移默化地让高个男生认识到自己的错误做法。我想，不管过多久，这个高个男生都一定能记得他的人生中出现过这么一位仁爱的校长吧。这种方式对生命的激励，是无限的。

虽然我们不一定能做到陶先生的水准，但对安全行为进行及时的表扬、肯定也拥有强大的力量。

2019 年 11 月 14 日，中国南方航空集团汕头公司"任毅嵘机组"驾驶B73N/B-5719 飞机执行 CZ8355（揭阳—曼谷）航班，机组执行完正常开车程序，进行舵面检查时发现右侧副翼卡阻在向下位，无法回中，机组决定滑回检查，经机务检查发现，右侧副翼操作钢索腐蚀断裂——这是飞行操纵系统的一个重大安全隐患，"任毅嵘机组"及时发现并处置正确。

试想一下，如果类似这样的事件发生在你供职的公司，"任毅嵘机组"会不会得到表彰和奖励？如果确定有表彰和奖励，大概多久能公布？如果需要你公司的上一级单位的安委会召开会议进行讨论，你认为大概需要时隔多久？

真实的情况是，仅仅在 4 天后的 11 月 18 日，南航集团安委会就召开了专项会议进行审议，并决定给予"任毅嵘机组"主要人员奖励 60 000 元。《关于对 CZ8355 航班推出后机组及时发现副翼钢索故障奖励的通报》（南航集团安委 [2019]96 号）也于 11 月 22 日正式印发。

如此及时、公开的表彰，这么大额、精准的奖励，是向所有飞行机组、航空行业从业人员告知：我们的信仰是卓越安全文化，是零事故。

南方航空汕头公司"任毅嵘机组"在做出"滑回检查"的决定前就知道：无论检查结果如何，他们都不会面临处罚；如果查出安全隐患，他们将获得奖励，也会因挽救了航班而获得对自己的高评价；如果查不出安全隐患，他们的第二次开车起航将是一次踏踏实实的安全之旅。

这种处理方式，源自彼此的信任。管理层对机组的信任，机组对管理层的信任。这种信任，帮助机组在发现安全隐患时毫不迟疑地停车复查，确保安

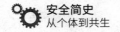

全，帮助组织持续改进。

在这种环境下，人们无论面对顺境还是逆境（发现异常），在确定的仪式行为下，都会获得确定的收益时，人们会选择规避风险。所以前景理论在这里仍然适用，只不过，协同时代的环境已经不再有"挤压效应"，相反，它为所有人带来确定的安全。

25

组织健康指标

当企业从安全文化开始着手，树立卓越安全信仰，建设五大核心能力，构筑持续改进流程，组织就会呈现知识化的有机生命体特征。有机生命体不是不发生事故，但事故数的确非常稀少，而且事故发生之后组织往往变得更加健康，长期的零事故目标是可能出现的。欧依核电站就连续数年实现了零事故。

如果连轻微伤事故都长期不出现，又怎么知道组织是不是健康的呢？这就需要看其健康指标。

组织的健康指标是用来评价组织安全生产健康状况的量化评估指标，可以根据行业共识构建。如果尚未形成行业共识，则可根据自身情况构建。

就当前中国的企业安全生产管理状况来看，大部分还处在个体时代，是不是就不必了解健康指标呢？不是的，不但需要了解，还需要逐步构建健康指标体系，用健康指标推动组织的知识化进程。

健康指标的构建需要注意以下五大原则：

（1）客观，不容易被篡改。

（2）量化。

（3）实时可见。

（4）容易理解。

（5）可持续，不会因为资源不足而停滞。

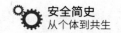
另外，不宜构建过于复杂的指标体系。"不积跬步，无以至千里"，指标体系的建设也需要一步一步来。一起步就构建太多指标的话，容易因资源不足或负担过重而遭到反噬，再启动就更加困难了。

一般来说，起步阶段不建议超过 5 个健康指标。

欧依核电站在个体时代开始打造的健康指标体系是从一个指标起步的，这个指标叫作"平均无事件天数"。

平均无事件天数是最近 6 次事件时钟重置的平均天数，即最近 6 次事件发生的时间间隔平均值。计算公式为：

平均无事件天数＝第 1 次和第 6 次事件时钟重置之间的天数 /5

第 6 次事件是指最近的一次事件。

这里有一个重要的概念，即"事件时钟"。

事件时钟是跨入协同时代几乎必需的一个组织管理工具，它为安全管理的效果提供可视化的指示。每发生一次事件，事件时钟就重置。每一次事件时钟的重置都引发一次事件调查和原因分析，以便组织从该事件中学习到知识。事件时钟的真正价值就是启动组织知识化之路，指出组织学习的必要性。

对于事件时钟重置的标准，建议采用行业共识标准。不过话又说回来，在行业没有共识标准的时候，可以参考其他行业或者国外的标准。表 2.3（事件时钟重置标准）给出了一个参考。

制定事件时钟重置标准，有两点需要注意：

一是要分级设置。比如，分为集团级、厂级、部门级，甚至到班组级。

二是要客观描述。为了让平均无事件天数客观，事件时钟重置标准就必须客观。比如，"由领导裁定"这种标准就不合适，它会导致指标趋势不准确，也不便于在一个大的历史时期进行长期趋势分析，不利于与同行企业进行对比。

平均无事件天数指出了安全管理的效果，管理层可以根据它来了解趋势。当平均无事件天数有增长的趋势时，说明安全管理在持续改善。平均无事件天数出现下滑趋势时，要尽快启动自我评估。

表 2.3 事件时钟重置标准

集团级事件	
工业安全	1IN1. 人身死亡事件 1IN2. 超过 15 天的受伤损工事件
生产	1OP1. 直接与间接经济损失超过 100 万元的计划外安全生产事件

厂级事件	
工业安全	2IN1. 超过 1 天、不高于 15 天的受伤损工事件
生产	2OP1. 直接与间接经济损失超过 10 万元、不高于 100 万元的计划外安全生产事件

部门级事件	
纠正行动	CA1. 由于纠正行动效果不佳导致的重复性事件 CA2. 外部监督发现的问题（失去自行发现问题的机会）
人员绩效行为	HU1. 未能有效使用防人因失误工具，结果影响到设备运行、安全、可靠性
规程	PR1. 不遵守规程，导致安全生产受到挑战 PR2. 规程错误引起人因失误，导致安全生产受到挑战 PR3. 规程未经审查就发布

注：本表仅为范例，不可直接使用，各行业、企业需根据实际情况修订、补充。

欧依核电站 2012 年刚开始构建这一指标，到 2016 年之间，指标来回波动。2016 年部门级平均无事件天数甚至触及了"7"这个数字，但平均在 20 左右。这并非表明安全管理时好时坏，而是当评估、根因分析、防人因失误工具、风险预控、观察指导等各项安全管理技术不断加入，状态报告平台、设备可靠性平台、安全培训平台等各种信息系统相继投入后，表 2.3 所示的事件时钟重置标准被反复修订、补充，当标准增加，事件时钟重置的概率就增大。并且，随着生产工作负荷的增加，该指标也会受到很大的干扰（为了消除干扰，可在计算公式的分子上乘以这 5 段时间内的总人工时）。但总的来说，引入这些管理工具之后，厂级平均无事件天数就开始保持零的纪录。

当事件时钟运行畅通后，评估、根因分析、防人因失误工具、风险预控、观察指导等各项安全管理技术不断加入，状态报告平台、设备可靠性平台、安全培训平台等各种信息系统相继投入，可以采集的安全管理数据大幅增加，此时宜增加几个健康指标，以观察这些新工具对安全管理的影响。

这时，该引入两个指标概念，分别是领先指标（leading index）和滞后指标（lagging index）。

领先指标，又称为先导指标，用来预测未来趋势的前瞻性指标，表明组织屏障[①]、管理屏障[②]、个人屏障[③]或实体屏障[④]在预防事故上的表现，比如安全文化评估完成率、防人因失误工具培训完成率、不安全行为发生率、观察指导完成率、纠正行动完成率、状态报告日发率等。与领先指标相对的滞后指标，又称后续指标（也叫跟随性指标），用来总结结果的回顾性指标，对达到严重性限值事件进行表征，比如厂级事件发生率。

各企业可结合自身情况适当选用其中的几个来表征和指导安全管理，以逐步推动组织知识化的进程，早日步入协同时代。如果是已处在协同时代的企业，这些健康指标就不仅仅是用于安全管理了。名为"健康"指标，本就是用来表征健康程度的指标，即用来进行绩效持续改进的指标。

如果套用六西格玛模型来解释这些指标在核电站持续改进流程中的价值，可以参考图 2.10 持续改进模型。

事实上，核电行业之所以能通过这一套方法论迈入协同时代，靠的不是方法论本身，而是核电人对卓越核安全文化的统一信仰，对建设卓越核安全知识世界的坚定信心。

不乏企业或行业引进各种方法论、管理体系，但如果最终没能实现组织协同，原因是没能形成一个具有统一信仰的知识世界。

---

① 组织屏障是指在组织层面防止事故发生的屏障，如资源配置、文化氛围、组织机构、组织流程与价值观等。

② 管理屏障是指在管理层面防止事故发生的屏障，如人员授权、培训教育、规程、管理条例、监管要求、企业政策等。

③ 个人屏障是指在个人层面防止事故发生的屏障，如知识、态度、技能（如会使用防人因失误工具）、意识等。

④ 实体屏障是指在实体层面防止事故发生的屏障，如防火门、安全带、灯光、PPE（个人防护用品）等。

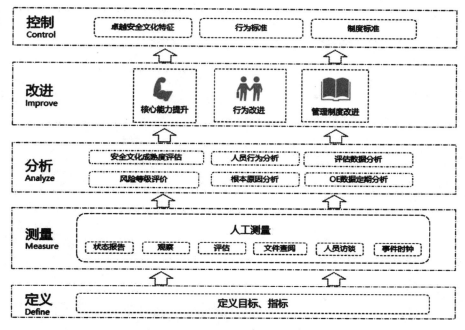

图 2.10　六西格玛持续改进模型

　　站在第二次知识革命的大时代机遇期，可以预想，留给我们达成业界共识、形成统一信仰的时间不多了。当共生时代摧枯拉朽般到来之际，如果法律法规还在"打架"、机关企业还未"觉醒"，人工智能将要塑造的知识世界又如何在伦理上给我们"人"的尊严呢？

　　信仰才是本质，协同只是算法。

　　让我们相信信仰的力量，放下成见，构建信仰，仰仗英雄，英雄协同。

三、共生时代

第二次知识革命诞生了人类以外的第二个知识化智能物种——人工智能，由它重构的知识世界与物理世界的连接通道，变得更加及时高效。这个新变化弥补了人类生理进化的不足，替代系统 3 帮助人类避免绝大部分错误。

结果是物理世界基本不再发生导致人类个体伤亡的安全事故，在人工智能的帮助下，物理世界和人们行为的数字化将使人类个体的工作与生活变成"游戏"，人类不仅与人工智能和知识共生，还与快乐持续同行，是为美好的共生时代。

26

新 的 信 仰

2019 年 11 月中旬，交通银行信用卡中心给我打来电话，提醒我在年底前至少使用 2 次信用卡，以减免来年的年费。这时我才想起来 2018 年年初办了一张交行信用卡，第一年免年费。因为免年费，不使用也不会收到银行的提醒，所以信用卡被理所当然地遗忘了，直到信用卡中心打来电话都尚未有消费记录。

2000 年 10 月，国庆节，欧依安盾首席执行官（CEO）吴巍当时还只是一名大一新生。他办了一张招商银行的信用卡，兴冲冲地来到清华园，建议我也办一张。吴巍当时给出的理由是中国的信用时代必将来临，我们应该尽早将自己置身于信用体系当中，因为信用本身就是价值。我到现在都清晰地记得这件事情，是因为我当时并没有采纳他的意见。

十多年过去了，我发现自己早已被"卖东西的"阿里和"做聊天的"腾讯纳入了信用体系当中，维度丰富、数据真实、跨度长远、实时更新，芝麻信用分与腾讯支付分都几乎能素描我本人的全部状态，并准确给出适合我的信贷额度。相反，银行的信用卡中心却在我这里几乎一无所获，也无能为力。

信用是与支付密切相关的。在世界范围内来说，支付的发展经历了以物换物、货币支付、信用卡 / 支票支付、数字支付 4 个阶段。而对大多数中国人来说，并没有经历过信用卡 / 支票时代，好像就是那么一夜之间就直接从货币支付时代跨入了数字支付时代。在当下的中国，几乎所有人出门都不用带现金，连街头摆摊的大妈都是用支付宝或微信收款。"嘀"的一声是每天听到最多的声音，干净利落，无需找零。在"嘀"的一声传到耳朵里的同时，支付宝或微信里你的信用记录就被更新了，它能决定你的信贷额度。

随着互联网在中国的崛起，中国社会在不知不觉中，完成了支付时代的跨越，弯道超车欧美日。那么中国社会有没有可能在安全生产管理上也实现快速超车呢？

1999 年，BAT（百度、阿里和腾讯）刚创立，网易、搜狐和新浪也才创立两三年，当时的中国人普遍还不太清楚什么是互联网，更不知道互联网意味着什么。

2009 年，中国网民已经成为推动社会进程的重大力量，从"天价烟"到汶川地震到北京奥运会再到云南"躲猫猫"，网民们对社会、时政事件的关注，形成了"网络议政"的热潮。一篇名为《贾君鹏，你妈妈喊你回家吃饭》的帖子火遍整个网络，网络流行语开始流行。中国移动获得了第一张 3G 牌照，开始中国 3G 移动通信时代。王兴创立了美团，雷军开始筹备小米，"饿了么"开始在学校送餐。这一年夏天，一款叫作新浪微博的产品开始公测，之后传统媒体行业逐渐衰落。11 月 11 日，阿里旗下的淘宝商城（天猫）举办第一次"双11"活动，生生地创造了一个"节日"，掀起全民网购的浪潮。2009 年，互联网在中国成为基础设施，传统行业利用互联网转型升级的呼声震耳欲聋。

2019 年，"新基建 ①"来了，区块链成为国家核心技术自主创新重要突破口，工信部向三大运营商发布了 5G 牌照。阿里云掌门人王坚当选中国工程院院士，

---

① 2018 年年底召开的中央经济工作会议上就明确了 5G、人工智能、工业互联网等"新型基础设施建设"的定位，后来被称为"新基建"。到 2020 年 3 月，"新基建"内容正式明确为 7 个领域：5G 基建、特高压、城际高速铁路和城市轨道交通、新能源汽车充电桩、大数据中心、人工智能、工业互联网。

他带领阿里云成为全球前三最有效率、最安全、最便宜的云计算 ^{①} 基础设施。世界五百强公司新兴际华旗下新兴铸管股份公司经过一年的调研、筹划，终于确定了安全智能化平台技术要求，并与欧依安盾 AIoT ^{②} 生态签约，这次事件明确了如何用 AIoT 进行传统工业企业智能化转型的技术细节。这一年，华为启动人工智能生态建设战略，字节跳动利用人工智能技术成为千亿级公司，深圳宝安机场利用 AI 实现了 40 秒安检通行，全社会各行各业都在讨论人工智能等新技术的落地，百度搜索关键字"智能论坛"获得 3250 万条结果，中国在互联网和智能应用上的许多创意与模式开始被全世界抄袭。2019 年被称为人工智能落地元年，人工智能成为业界新的信仰。

在人工智能落地的节骨眼上，中国恰好通过 20 年的互联网浪潮做好了充分的准备。

这些准备首先表现在社会大众对于互联网和人工智能的适应性上。据美国 Zenith 在 2019 年的研究报告，到 2018 年，全球智能手机用户数量还在稳步上升，在这其中，中国成为当之无愧的用户大国，其智能手机用户数量将达到 13 亿人次，位居全球第一。据 CNNIC 数据显示，2011 年中国互联网即时通信用户规模达 5.13 亿人，占整体网民比例达到 80.9%。2018 年中国互联网即时通信用户规模达 8.29 亿人，占整体网民比例达到 95%。

其次表现在政府的支持方面。从 2015 年开始，人工智能就作为重点领域

---

① 云计算（cloud computing）是分布式计算的一种，指的是通过网络"云"将巨大的数据计算处理程序分解成无数个小程序，然后，通过多部服务器组成的系统进行处理和分析这些小程序得到结果并返回给用户。"云"实质上就是一个网络，狭义上讲，云计算就是一种提供资源的网络，使用者可以随时获取"云"上的资源，按需求量使用，并且可以看成是无限扩展的；从广义上说，云计算是与信息技术、软件、互联网相关的一种服务，这种计算资源共享池叫作"云"，云计算把许多计算资源集合起来，通过软件实现自动化管理，只需要很少的人参与，就能让资源被快速提供。也就是说，计算能力作为一种商品，可以在互联网上流通，就像水、电、煤气一样，可以方便地取用，且价格较为低廉。云计算的核心概念就是以互联网为中心，在网站上提供快速且安全的云计算服务与数据存储，让每一个使用互联网的人都可以使用网络上的庞大计算资源与数据中心。
② AIoT 是人工智能 AI 与物联网 IoT 等智能技术的统称。

布局①。

人们认为，人工智能处于科技革命的核心地位，在该领域的竞争意味着一个国家未来综合国力的较量。在 2019 年前后中美贸易战背景下，人工智能的发展对中国尤其具有重要意义，而当时的中国，也恰逢其时。

由清华大学 - 中国工程院知识智能联合研究中心联合编写的《2019 人工智能发展报告》指出，我国在人工智能领域的发展上有其独特优势，如稳定的发展环境、充足的人才储备、丰富的应用场景等。目前，在多层次战略规划的指导下，无论是学术界还是产业界，我国在人工智能国际同行中均有不错的表现，在世界人工智能舞台上扮演了重要的角色，我国人工智能的发展已驶入快车道。

2019 年开始，科技巨头纷纷把人工智能落地作为新时代的战略支点，努力在云端建立人工智能服务生态系统；传统行业在新旧动能转换过程中，将人工智能落地应用作为转型升级的抓手和企业发展新动力。人工智能正在走向生产和生活的各个场景，它的落地不仅身姿曼妙、绚丽夺目，还将开启经营降本增效、引领安全时代跨越的新一轮历史大幕。

令人意想不到的是，COVID-19 疫情让人工智能落地的过程得到了空前的加速。由于 COVID-19 的高传染性和疫情初期的高致命性，一度使人们陷入恐慌。在一片混乱与渴求当中，人工智能开始了其快速攻城略地的落地征程，尤其是复工开始之后。

大数据技术被用来描绘数百万离汉人员的去向，超级计算机在破解病毒上发挥了巨大作用，大客流远程无感红外测温系统采用人工智能算法对车站、机场、工厂大门的密集人流进行高效测温，工厂摄像头被人工智能算法激活用

---

① 2015 年，《国务院关于积极推进"互联网 +"行动的指导意见》颁布，提出"人工智能作为重点布局的 11 个领域之一"；2016 年，在《国民经济和社会发展第十三个五年规划纲要（草案）》中提出"重点突破新兴领域人工智能技术"；2017 年，人工智能写入党的十九大报告，提出推动互联网、大数据、人工智能和实体经济深度融合；2018 年，李克强总理在政府工作报告中再次谈及人工智能，提出"加强新一代人工智能研发应用"；2019 年，习近平主席主持召开中央全面深化改革委员会第七次会议并发表重要讲话，会议审议通过了《关于促进人工智能和实体经济深度融合的指导意见》。

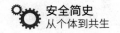
于识别人们是否正确佩戴口罩或聚集，无人机开始盘旋巡逻进行疫情防控，各种机器人活跃在工厂、企业、园区的消杀一线，而生产人员的培训也开始从线下转到线上……

许多有社会责任感的专业机构与企业，纷纷以实际行动加入此次疫情复工保卫战中。欧依安盾作为中国领先的安全生产智能化公司，2020 年 2 月 12 日对外宣布："秉承公司使命与社会责任，正式推出'战疫'公益基金，向生产型企业提供价值千万人民币的疫情防控智能化产品，帮助企业更好地解决疫情复工难题，确保生产复工安全。"

很快，新兴铸管武安基地 1 号岗亭所在大门的高位摄像头就用上了欧依安盾的口罩识别算法；宁波某知名汽车零部件公司等多家企业从复工初期就开始使用"e 安盾"APP，用来对其新进的员工进行在线安全教育与考试；河南省开封市八家主要大型企业邀请我在小鹅通上进行直播，讲述"疫情下复工的困难与应对"，1900 多人同时在线参加，比我平时线下讲课的听众人数多得多。

疫情作为催化剂，让传统落后的产能与商业模式加速溃败，让智能先进的产能与商业模式加速成长。从 1999 年到 2009 年再到 2019 年，中国社会进行了充分的准备，在这种大历史背景下，一切加速了的优胜劣汰，都显得极为自然。

不知不觉之中，人工智能就已经深入到人们生活与工作的方方面面，在知识世界里开始它的征程——而面对人工智能带来的益处，人们不仅没有表现出丝毫担忧，反而紧紧地将它拥抱和依赖起来，并视之为新的信仰。

27

在线知识世界

2017 年 4 月至 5 月，受世界核电运营者协会（WANO）巴黎中心邀请，我远赴英国对哈特尔普尔核电站的消防领域进行评估。该核电站位于英格兰东北部濒临北海的哈特尔普尔市，哈特尔普尔市是一座典型的工业城市和港口城市。

在为期 3 周的评估时间内，评估队队员们的生活很简单。白天在核电站观察、访谈人员、查阅资料和编写报告，晚上修改和提交报告之后，必定是去酒吧消遣。与中国的酒吧完全不同，哈特尔普尔市的酒吧白天就已经开业了，年龄结构也是从二十多岁的年轻人到近百岁的老年人，覆盖了在法律上可饮酒且能直立行走的所有成年人。一条主街上几十上百个大大小小的酒吧，居然每个酒吧每天都是人满为患。

总之，这里的人们当时依然过着传统的生活——离线。

而在那时的中国，酒吧行业已经衰败凋零，手游和短视频、外卖和网购成为宅男宅女们的娱乐与生活必需品，人们逐步把自己变成"在线物种"，学习、健身、美肤、社交、娱乐……全面在线化，连种树都在支付宝或拼多多上完成。

看着欧洲队友们对离线生活的无比享受，我却只能庆幸不用多久我又可以回到祖国，回归在线。

虽然同为人类，但生活方式的巨大差异，事实上已经将我们区分为两个

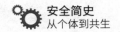

不同的物种：离线物种与在线物种。

2016 年 9 月，中信出版集团股份有限公司出版发行《在线》一书，该书由阿里巴巴集团技术委员会主席、阿里云创始人王坚博士所著。王坚在开篇第一章"时代的困惑、错位和纠结"的题记中写道：50 多万年前的关键词是光明与黑暗，50 多年前的关键词是数字和模拟，而今天的关键词是在线与离线。

2000 年第 12 期《上海微型计算机》上刊登了一篇文章《最佳中文网络寻呼机——OICQ》，指出腾讯的 OICQ 是华语圈内最好的 ICQ 类软件。

腾讯的 OICQ 就是后来的 QQ。《最佳中文网络寻呼机——OICQ》这篇文章预言，网上寻呼机有可能将成为继电子邮件和电话后的又一种主流通信方式、互联网世界下一个兵家必争之地，也指出 OICQ 是华语圈最好的 ICQ 类软件，现在看来，具有远见卓识。

不过，这篇文章没有明确指出 OICQ 与其他 ICQ 类软件的区别：关于在线的细节处理。

OICQ 之所以在 ICQ、iChat Pager、AIM、PICQ、PCICQ、Sina Pager、Net Sprite 等众多竞品中胜出，源自于它将聊天记录在线化的设计。1999 年的中国，私人计算机还太奢侈，绝大部分网友都是通过网吧或者学校的机房登录 OICQ，而每次都是登录不同的计算机，这时在线的聊天记录就是很重要的上网体验，帮助网友们迅速恢复上次的聊天记忆与感觉。基于这一细微的体验之差，OICQ 脱颖而出，逐渐生长成就了今天的腾讯帝国，它最初的秘诀就是聊天记录在线。

自此之后，腾讯开始带领中国社会逐步进入在线时代，让我们恰好有机会参与人工智能第三波浪潮之中。

2011 年初，微信问世。微信与 QQ 不同的是，在微信的设计逻辑中，你是全天候在线的。腾讯财报显示，仅仅 8 年之后，2019 年一季度微信月活用户数量超过 11 亿。

2019 年 12 月开始爆发新型冠状病毒感染肺炎，到 2020 年 1 月中下旬就在全国蔓延开来，拥有超过 11 亿用户的微信自然而然地承担起疫情实时在线的重任，公开透明的疫情信息为整个社会提供了稳定剂。绝大部分民众在线获取实时信息，并在线学习防控措施，极大程度地减少了管理成本，提高了应对效率。

与微信的做法相反，Skype 假设你生活在离线和在线两个世界里，你只有在计算机前才会使用 Skype，当你离开计算机时你就下线了。Skype 本来极有希望成长为如同微信一般的庞然大物，但是，Skype 依然只是将自己定位为电话类通信工具，只有你一本正经地坐在计算机前（如同拿起话筒）才能沟通。

"当我下载完 Skype，我意识到传统通信时代结束了。"时任美国联邦通信委员会主席迈克尔·鲍威尔（Michael Powell）曾这么描述 Skype 带给他的惊艳，但这次惊艳略带遗憾，因为不知道他是否看到了互联网的未来。

根据 TeleGeography 研究数据显示，2010 年 Skype 通话时长已占全球国际通话总时长的 25%，Skype 用户免费通话时长和计费时长累计已经超过了2500 亿分钟。

当时的 Skype 已经如此强大，而微信尚未诞生。如果不是 Skype 对在线与离线的严格界定，它的成长应无法想象。

在线打败离线的案例还有很多，已经发生在很多领域，并将在更多领域发生。

2013 年 8 月 28 日，百度地图官微宣布旗下百度导航业务永久全免费；随后，高德导航官微发布长微博，宣布高德导航手机应用即日起实行免费政策。在此之前，在汽车 4S 店购买汽车时，加装导航是一个增值服务，是需要额外收费的。视车辆的豪华程度，一个车载导航的价格从两万元到几十万元不等。与现在的在线导航不同的是，那时的车载导航还需要时不时到 4S 店更新地图数据，因为它是离线的。如今，人们不再使用车载离线导航，宁愿用一个屏幕小得多的手机，也要将自己置于在线状态，因为在线的数据更准确、更安全、更有效率，另外，在线意味着数据服务。

在美国，数字地图光盘曾是微软的一项重要业务，售出过天文数字般的

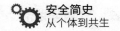

数量。然而，光盘地图很快就在 2005 年被在线的谷歌地图打败。光盘地图之所以失败，是因为谷歌把地图做成了在线知识世界里的服务。

王坚博士在《在线》一书中评论道：不是新地图打败老地图，而是在线打败离线。这是一个时代变革的标志。离线的数据难以产生最大化的经济价值，在线的可以；离线的数据难以产生最大的社会竞争力，在线的可以；离线的数据难以产生大的影响力，在线的可以。在线是因，变革是果。任何一样不起眼的东西在线之后，都会产生巨大的变革效果。

互联网时代以前，鼠标点击都是离线的，世界上每天都会有数十亿次的鼠标点击。从没有人将不起眼的鼠标点击变成财富，直到谷歌将离线广告变成在线广告时，鼠标点击这件事才变成了财富的源泉。点击这件事在今天不仅仅可以从广告中获利，它还会产生大量的在线数据，这些数据正是看不见的金矿。通过点击产生的实时在线数据，就能真正分析和了解人的行为，并以此生成推荐信息，影响和帮助人们决策；也能真正分析和了解企业的状况，并以此作为对企业各种决策的基础。

点击的巨大价值最终是通过在线实现的，谷歌在诞生之初就明白了这个道理。

与以搜索业务起家的谷歌不同的是，从伐木与造纸演变而来的诺基亚长期不理解在线服务的内涵。2008 年，诺基亚想效仿谷歌的做法，花费 81 亿美元收购了芝加哥地图服务提供商 NAVTEQ，但诺基亚没有成功，因为它不懂离线与在线的概念。诺基亚只是简单地把离线地图装进自家的手机，然后很快就败掉了这 81 亿美元。

《大英百科全书》在互联网时代以前被认为是世界上最全面、最权威的百科全书，它诞生于 1771 年，经补充后，共 18 卷，16 000 多页。不过，如果与维基百科相对比，其规模就不值一提了。维基百科共有 380 万个词条，是其 38 倍。并且，维基百科还在持续"生长"，因为它是一个在线物种，任何国家、任何背景的任何人都可以编辑维基百科中的任何文章和词条。离线的《大英百科全书》，当然无法与在线的维基百科抗衡。到如今，《大英百科全书》对人们来说已经变得不再那么重要了。

在线已经成为一类新的物种，正在对传统领域攻城略地，对同类的离线物种发动降维打击，而离线物种却毫无还手之力。

欧依安盾的一个客户，专门生产各种零部件，计量的对象有十多万个，每个计量对象又有成百上千的型号，需要的原材料种类和生产出来的中间件种类，也是差不多的数量级。这些产成品、原材料、中间件都需要进行仓储。尽管使用了企业资产管理信息系统以及二维码和扫码枪等进行管理，但由于种种原因，数据正确率最高不到 95%，经常徘徊在 90% 左右，造成了巨大的库存浪费和损耗，更发生不能及时交付订单的事故。企业资产管理信息系统的本意是要保持物理世界的仓储与知识世界的仓储一致，但并没能如愿。原因是仓管人员的行为经常离线，以至于物理世界发生的变化没有实时反馈到知识世界中——知识世界也是离线的。

另一个生产电容器的企业，客户来自全世界 100 多个国家和地区，每天新增 1000 多个订单，可是其生产计划排程和生产过程管控仍然处于人工管控模式，导致订单状态无法追踪，订单交付事故频发。原因同样是物理世界的变化没有实时反馈到离线知识世界中。

请注意，上面两个案例中都提到了"实时反馈"这个词，看起来是我们想要的，实际上还远远不够。

现在我们来想象一下，如果刚好有另外两个企业，构筑了与物理世界实时互动的在线知识世界，情况又会怎样呢？首先，在线知识世界确实会接受来自物理世界的"实时反馈"，其次，它还会直接驱动人类或设备对物理世界做出改变。比如，在仓储案例中，在线知识世界会根据物理世界的实时反馈，进行在线计算，指导仓管人员摆放仓储物资，甚至驱动智能仓储机器人摆放物资；在电容器生产排程案例中，在线知识世界会自主实时排程、安排生产，自动处理设备故障，实时调整生产计划，并指导人类个体交付订单，甚至自动交付、自动结算。

为什么在线物种具有如此巨大的优势呢？

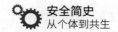
　　因为在线物种将离线的知识世界与离线的物理世界连接在一起，将离线的知识世界和离线的物理世界变成在线孪生世界，在线物种获得几乎同时改变在线孪生世界的能力。在在线孪生世界里，知识世界实时反映物理世界的变化，物理世界受到知识世界的实时影响。这样，知识世界与物理世界由于在线物种而实现同时在线。

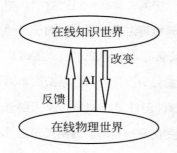

图 3.1　在线知识世界与在线物理世界的孪生关系

　　数字城市、数字工厂的目标就是打造"在线孪生世界"。

　　作为在线孪生世界，物理世界即将发生的一切，都提前在知识世界进行了计算，之后才在物理世界里以最优解的形式发生，而这一时间间隔与之前离线知识世界对物理世界的改变相比，时间大大缩短，有时候就像同时发生一样。如图 3.1 所示。

　　如此一来，在线知识世界不再依赖于人就可以实时直接改变物理世界。与此完全不同的是，离线知识世界必须依赖人，必须通过人的行为才有可能影响到物理世界。这就是在线知识世界与离线知识世界的差别。在线知识世界具有离线知识世界无可比拟的对物理世界的影响能力，这一变化的来源是人工智能。

　　智人创造了离线知识世界，离线知识世界成就了人类；人类创造了人工智能，人工智能成就了在线知识世界，在线知识世界也将反过来成就人工智能。

　　站在 2019 年和 2020 年的当口来看当时的安全生产管理，管理人员依然没有抓手，甚至还没有形成一个成体系的离线安全知识世界，那又如何及时全面了解作业现场的状况呢？又如何及时全面掌握作业人员的动态呢？又如何及时全面知悉作业风险的管控呢？当物理世界的真实情况与知识世界脱节，又如何通过知识世界的改进来改进物理世界呢？

知识世界的空白导致了幸存者偏差现象 [①] 的存在，这一切的原因都要归于安全生产管理还处在离线模式。

国家应急管理部也注意到了这一情况，借着 2020 年初的 COVID-19 疫情，于 2020 年 2 月 26 日制定出台《统筹推进企业安全防范和复工复产八项措施》，要求企业加强线上安全教育培训。

有一款被称为"e 安盾"的在线安全教育与安全管理 APP 迎来了火爆的市场机会。

"e 安盾"为何如此火爆呢？

因为"e 安盾"能帮助企业构建在线知识世界，它代表了在线安全管理最先进的理念，满足了"全员安全培训""全员安全管理"的要求，而这种功能设定在 2020 年安全产业的市场上还是新鲜事物。

之所以能在一个平台上构建在线知识世界，实现全员安全培训和全员安全管理，是因为"e 安盾"是一款典型的 SaaS 平台 [②] 工具。企业用户不但拥有完全自主独立的管理权限，还能获得平台持续反哺。相对于企业定制软件，SaaS 平台的价格要低得多，服务也要好得多。

同时，"e 安盾"拥有完整的安全教育视频体系，采用动画剧情片轻松组织安全培训，便于近 3 亿农民工兄弟接受。学员的培训记录、考试记录自动存档、永久保存，为企业安全培训组织者节省了绝大部分工作负荷，还大大提升

---

① 幸存者偏差是一种常见的逻辑谬误，指的是只能看到经过某种筛选而产生的结果，而没有意识到筛选的过程，因此忽略了被筛选掉的关键信息。日常表达为"沉默的数据""死人不会说话"等。当取得资讯的渠道，仅来自于幸存者时（因为死人不会说话），此资讯可能会存在与实际情况不同的偏差。"二战"期间，为了加强对战机的防护，英美军方调查了作战后幸存飞机上弹痕的分布，决定哪里弹痕多就加强哪里。然而统计学家亚伯拉罕·瓦尔德（Abraham Wald）力排众议，指出更应该注意弹痕少的部位，因为这些部位受到重创的战机，很难有机会返航，而这部分数据被忽略了。事实证明，瓦尔德是正确的。

② Saas 在百度词条中是这样表述的：SaaS 即 Software-as-a-Service（软件即服务）是随着互联网技术的发展和应用软件的成熟，在 21 世纪开始兴起的一种完全创新的软件应用模式。传统模式下，厂商通过软件协议（License）将软件产品部署到企业内部多个客户终端实现交付。SaaS 定义了一种新的交付方式，也使得软件进一步回归服务本质。企业部署信息化软件的本质是为了自身的运营管理服务，软件的表象是一种业务流程的信息化，本质还是第一种服务模式，SaaS 改变了传统软件服务的提供方式，减少本地部署所需的大量前期投入，进一步突出信息化软件的服务属性，或成为未来信息化软件市场的主流交付模式。

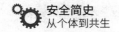
了培训效果。

除此之外，全员隐患排查功能更是打造在线知识世界的有力手段，以全员安全管理的方式，既确保物理世界的隐患同步到在线知识世界，还确保员工的表现也同步到在线知识世界，这不仅能为实时激励提供活的知识，还能有效避免负责人"事故前的严重违法行为入刑"的问题。

随着"e 安盾"等智能化产品的用户增长，人工智能落地之势已成，在线物种终将全面接管传统企业的安全生产管理。

如果英国的哈特尔普尔核电站有类似"e 安盾"这样的在线工具，那恐怕也不需要全世界那么多专家远赴重洋去给他们做评估了，在线工具的知识化能力本身就可以实时给出评估结果，并实施改进措施，岂不妙哉？！

我们可以预言，在未来，物理世界的一切都在线化，经济、法律、艺术等一切也将由离线转为在线，甚至判人监禁也不再是用坐牢限制其人身自由，而是令其失去进入在线知识世界的自由。不过稍显讽刺的是，其本身产生的各种数据（如位置、体征等）却被迫在线。

28

从数据到工具

想象一下，人们为什么要每年进行一次体检？因为通过体检能获得身体的健康数据，比如尿酸水平。医生从尿酸等数据中可以整理出你身体的健康信息，比如尿酸过高。通过这些信息，医生会在体检报告中给出相应的建议，比如建议你食用低嘌呤食物[①]，少吃高嘌呤食物[②]，以避免尿酸进一步升高引起痛风。

如果不体检，就不会有尿酸数据，痛风可能就难以避免了。可见，有了数据才会产生对你有用的知识——这个过程叫作"数据知识化"（包含了数据信息化、信息知识化两个步骤）。

2016 年 9 月 26 日，华东电网调控运行领导与上海交通大学（简称"上海交大"）数名教授一起来到欧依核电站，与我们交流状态报告平台及盾形图管理体系。当时，第三代状态报告平台及盾形图体系已经在欧依核电站运转超过 3 年，欧依核电站已经逐步跨入协同时代。

[①]　低嘌呤的粮食类食物有大米、小米、馒头、饼干、面条、玉米、面包等，低嘌呤的蔬菜有黄瓜、冬瓜、南瓜、茄子、莴苣、萝卜、土豆、菠菜、白菜、芹菜等，低嘌呤的水果有橙子、橘子、苹果、梨、桃等，还有各种蛋类和乳制品含嘌呤也比较少，如鸡蛋、鸭蛋、牛奶、酸奶、奶粉等。对于中等嘌呤的食物我们可以适当食用，如草鱼、鲤鱼、虾、鱼丸、肉类、豌豆、绿豆、红豆、黑芝麻等。

[②]　高嘌呤的食物如黄豆、香菇、动物内脏、小肠、鲢鱼、脑子、浓肉汤、比目鱼、啤酒等。

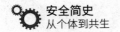

在交流会上，我展示了 2016 年 6 月 3 日召开的《人员绩效工作组第十次会议》的会议纪要，并展示了当时会议决策所依据的材料：2016 年 3 月、4 月和 5 月的相关行为数据及其分析结果。这种依据数据进行管理的方式，激发了华东电网领导和上海交大教授们浓厚的兴趣，因为它具象化地展现了数据知识化在人员行为管理上的应用，而人员行为管理在当时是相当大的难题。

事实上，欧依核电站每个月的状态报告例会、每季度的安全生产委员会等各种高层管理会议都会采用大量的数据，这些数据是最近这段时间内由状态报告、观察指导等信息平台积累形成的，它们经过 OEE 的统计分析处理，就变成了领导们决策的可靠信息。如果领导需要，OEE 甚至可以将更久远的数据全部调集出来，进行各种离线计算（如统计分析），提出建议，以供决策。但是，这些数据计算结果还只是离线知识，在非例行生产活动期间（如强迫小修），这些离线知识并不能被用来实时改善安全生产管理和实现降本增效。

7-11 连锁便利店的商品每天更换 3 到 7 次，如何更换这些商品，需要 7-11 的大数据平台给出"建议"。这些"建议"就是 7-11 特有的知识，其他品牌的连锁便利店做梦都想获得这些知识，但它是最高商业秘密。

基于这些知识，7-11 做到了离线管理的极致，成本已经十分高昂。

如果用这种人为的方法来摆放淘宝的商品，不仅成本高出天际，就算愿意付出成本它也无法实现。

为了帮助淘宝卖家"摆放"好商品，一开始，阿里的数据部门也像 7-11 一样，会不断地为卖家后台推送"建议 ①"，教淘宝卖家们摆放哪些商品以及如何摆放商品。这是阿里特有的知识，可能也是其他平台想要获得的秘密。

但实际情况是，淘宝卖家们要么不打开这些知识，要么打开了也很难照做。

阿里猛然意识到，卖家真正需要的不是去使用这些知识，而是让这些知识直接帮助他们摆放好这些商品——卖家需要的是工具，而不是知识。

我们来理解一下这件事吧，它太重要了。淘宝的数据部门其实已经像保

_____

① 指数据分析报告。

姆一样把数据知识化了，并将这些富有价值的知识放到了卖家的面前，但卖家就是不愿意用，为什么呢？

因为要理解这些知识还是很费劲，而且，这些知识有时效性，会变得"过时"。

怎么办呢？淘宝数据部门选择了进一步的动作：知识工具化，把知识直接变成在线工具。卖家们只要点击愿意使用，这个在线工具就能发挥作用，自动帮他们摆好商品，完全不用再动脑子了。

淘宝上有超过 10 亿件商品，唯一有可能摆好它们的，就是在线工具。

每一个用户在淘宝上都有一个不同的账号，每个账号背后都是一个个性化的人，这个个性化的人具有完全个性化的喜好、需求和在线时间。因此，淘宝的在线计算为每一个用户账号建立了用户画像，每个用户画像都是在线知识，而在线知识来自用户账号的一次次点击产生的数据。

用户登录淘宝的那一刻，其用户历史画像发生作用，淘宝在线工具结合当时的营销策略，在一瞬间完成对该用户界面的构造，并立即呈现出来。用户的每一次点击，又会产生新的数据，并以此进行实时在线计算，实时更新该用户画像，这将影响该用户下一次看到的淘宝界面。

通过这种方式，淘宝形成了从数据到知识再到数据的闭环，卖家也获得了更大的收益，而最大的获利者，自然是阿里巴巴。阿里巴巴不仅收获了巨额财富，更为重要的是获得了巨量的数据回流与在线知识。用户的每一次点击，产生的反馈数据，又会实时更新在线工具中的用户画像。当在线工具推动点滴的数据与在线知识更新汇聚成海，就会进一步推动阿里的市值不断攀升。

7-11 是协同时代的优秀企业，已经足够资格成为商界榜样，但在市值数千亿到万亿美元级别的阿里巨头面前，终究落入下乘。7-11 也是一家知识服务公司，拥有大量的各种各样的特有知识，但阿里却仍然更占优势。这不是因为阿里拥有的知识更多，虽然也的确更多，但本质是：与 7-11 相比，阿里的知识在在线工具的作用下，实时发挥作用。简单地说，7-11 还处在组织提供知识的协同时代，阿里已经进入在线提供工具的共生时代。这是一个巨大的区

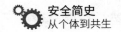

别，共生时代在效率上碾压协同时代。

欧依核电站也是协同时代的优秀企业，也拥有大量的数据和知识，设备运行数据、摄像头数据、运行报告、维修模板、巡检数据与报告、试验数据与报告、状态报告、事件报告、仓储与供应链数据、规程、政策文件、行为数据与报告、人力资源报告、评估报告、时事情报、舆情报告、上级指示、外部OE 等已经存储在企业知识世界 [1]，并仍在持续产生。这些数据和知识是在各种业务运行过程中产生的，它们很有价值。但唯一的问题是，还需要人来理解和使用。

当作业现场向主控室汇报关键信息时，在管理上是要求使用三向交流以避免沟通失误的。但是，如果某个作业场景中某几个作业人员没有使用三向交流，他们当时的语音数据当然会被保存在数据中心，事后也可能会被调查到而形成"应该如何"的报告，不过，它不能当场识别这是一起违反了安全沟通原则的事件，更不可能立即提醒作业人员。

当作业人员登高作业时，因为某些原因没有系安全带，摄像头会捕捉到这个信息，并将其保存在数据中心，不过它不会当场识别这是一起红线违章事件，更不会发出提醒或警告。而安全带与作业处的挂点对于自己被使用或未被使用一事并不知情，连数据都没有产生，更别提知识化。

当人因失误导致工艺系统出现故障或事故时，要查清楚具体是哪个手动阀门被误操作了，或者规程的哪一个步骤没有被正确执行，需要耗费几天的时间，甚至永远查不出来。如何避免该事件重复发生，就变得异常困难。事实上，当时的整个操作过程也的确产生了数据，不过这些数据仅仅停留在纸质规程上，被保存到档案室，连数据中心都进不了。除此之外，人员的行为、手动阀门的状态、事发时的现场情况，连数据都没有产生，更别提知识化。

当设备出现早期故障时，应该由预测性维修技术探测到，并由设备健康工程师安排好备件采购与维修计划，在协同时代应该不至于出现计划失败的情况。但是，这个业务流程需要技术部门、维修部门、生产计划部门、采购部门、

---

[1] 局限于企业内部的知识世界，包括企业的档案库、数据中心、个人电脑、各种文件、员工经验等。

财务部门、运行部门、总经理部、供应商等一起参与，每个部门都是数据节点，每个部门都要参与决策，每个部门都有自己的决策依据，虽然已经处于协同状态，但效率依然低下，设备备件时常有不能按计划出现在作业现场的情况出现。这个过程中安排了很多计划，召开了很多会议，也产生了很多数据和知识，但是，这些数据和知识都是被人在管理，由人在决策，而人每天在管理的数据和知识是海量的——出点差错几乎不可避免。

欧依核电站作为协同时代的优秀企业代表，的确产生了非常多的数据和知识，但它就像 7-11 一样，效率无法提高，也像淘宝早期的数据部门一样，"卖家不愿意使用"。

知识的意义在于被使用，不管它是被直接使用还是间接使用。

人们使用工具时，知识虽然是被间接使用，但不妨碍它发挥同样的价值。

各位应该还记得，我们有过一个结论：如果人们一定要使用某些知识，他们更愿意使用承载了这些知识的工具，因为工具比知识本身更节省系统 2 的精力。

所以，对于欧依核电站来说，只要投入合适的在线工具，其企业知识世界就将苏醒，成为价值连城的在线知识世界。对于处于个体时代的传统企业来说，似乎没有太大的不同，只要投入在线工具，同样可以快速构建在线知识世界。

这一理念正是欧依安盾开始做安全智能化的原因。所谓安全智能化，就是通过建设物联网系统和数据管理平台，用人工智能 ① 构建在线工具，对企业安全生产相关数据进行在线实时处理，形成在线的企业知识世界。

简单来说，安全智能化就是提供智能的在线工具，帮助企业大幅提升安全水平和生产绩效。

---

① 人工智能代表广义的新一代智能技术，包括深度学习等 AI 算法、区块链、5G、物联网、大数据、云计算、机器人等。

29

突破伦理困境

如果人们一定要使用某些知识，他们更愿意使用承载了这些知识的工具，因为工具比知识本身更节省系统 2 的精力。

这个结论将帮助我们理解，安全智能化正好用来突破中国企业安全生产管理面临的伦理困境。

据国内新闻报道，我国重复发生的事故并不少见，但就是没能避免。这说明事故的深层次原因是极其复杂的，或许换成别人也是无能为力的。

当事故重复发生的现象不断出现，说明企业安全生产管理这一复杂的、传统的工程问题陷入了一定的伦理困境之中。

伦理困境探讨的问题是比较复杂的，我们用一个例子来说明。

假设你是一名电车司机，你的电车以 60km/h 的速度行驶在轨道上，突然发现在轨道的尽头有 5 名工人在施工，你无法令电车停下来，因为刹车坏了，如果电车撞向那 5 名工人，他们会全部死亡。你极为无助，直到你发现在轨道的右侧有一条侧轨，而在轨道的尽头，只有一名工人在那里施工，而你的方向盘并没有坏，只要你想，就可以把电车转到侧轨上去，牺牲一个人而挽救 5 个人。你该做出何种选择？

"电车悖论①"反映了一个事实：在多元价值诉求之下，伦理抉择可能陷入两难困境，并且超出理性范畴。

在企业安全生产管理上，也有一个类似于电车悖论的伦理困境问题——"四不放过"。

"四不放过②"是指：

（1）事故原因未查清不放过；

（2）事故责任人员未处理不放过；

（3）整改措施未落实不放过；

（4）有关人员未受到教育不放过。

在"四不放过"中，第一条"事故原因未查清不放过"是基础，需要企业有相应的配套能力来执行。

现实状况却很尴尬，我和欧依安盾团队在电力、冶金、建筑等多个行业，没见到几家企业具备这个能力。

当企业的事故调查与根本原因分析能力不足时，要做好整改措施制定及跟踪、安全教育管理就变成无本之木，这才会出现那么多"拉网式检查""地毯式排查"的运动式管理。

理所当然地，在配套能力不足的情况下，企业往往将"四不放过"中的"事故责任人员未处理不放过"作为关键原则在执行，因为这一条原则相对于其他三条原则执行起来要容易得多。

具体到执行"事故责任人员未处理不放过"时，对事故/事件当事人即直接引发事故的作业人员追究责任、执法"审判"就成了最合乎规范的操作，成了"例行公事"。

回过头来看，"四不放过"的根本价值诉求是为了"防止事故重发"，落

① 　电车悖论是菲利帕·福特在 1967 年发表的《堕胎问题和教条双重影响》一文中提出的，这是一个著名的伦理困境问题。

② 　《安全生产领域违法违纪行为政纪处分暂行规定》《生产安全事故报告和调查处理条例》《〈生产安全事故报告和调查处理条例〉罚款处罚暂行规定》《生产安全事故报告和调查处理条例》等一系列安全生产和事故处理的法律法规，都对"四不放过"做出了要求。

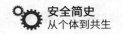

地时却可能就变成了"例行公事追责、审判"。这种操作能防止事故重发吗？

现实是打脸的。

几个经济学家在以色列海法市的 10 家日托中心做了一个实验。经济学家们观察到每天每家平均有 8 个家长迟到，之后对迟到的家长予以罚款追责，每迟到 10 分钟罚款 3 美元。结果是迟到家长的人数却开始迅速增加。罚款追责非但不解决问题，反而起了反作用。这是因为不用交罚款时，迟到的家长内心歉疚，行为受到道德规范约束，绝大部分家长争取不迟到。但是，一旦可以用交罚款的方式进行"交易"，则转向了社会规范，家长们巴不得花钱买时间！

子曰：道之以政，齐之以刑，民免而无耻。孔子的意思是说，用政令来治理百姓，用刑法来整顿他们，老百姓只求能免于受惩罚，却丧失了廉耻之心。单纯的惩罚或追责往往只会让人学会逃避受罚。

欧依研究团队在整理一家火力发电厂的数据时，与该电厂领导一起发现了一个事实：罚款翻番前后几年的事件率并没有任何变化。

可见，对事故 / 事件当事人进行罚款追责，无论是罚款动机还是罚款效果，都并不利于安全生产管理水平的提升，这也是为何同类事故屡禁不止的一个原因。

事实上，"例行公事追责、审判"是为了追求"合规"，给所有人一个"交代"。但这种价值诉求并没有办法杜绝事故 / 事件当事人在作业现场犯错，从而无法做到"防止事故重发"。

在所有防止事故重发的六级整改措施中，追责只能位列有效性程度倒数第二。

这些整改措施的有效性级别从高到低分别是：

1）非能动控制

非能动控制措施是指在异常情况出现时，不需要人为响应或动力系统，这些设计和构造就可以提供控制，避免事故发生，如永久的物理屏障、阻燃材料、自然循环冷却设计等。一般情况下，实施非能动控制措施需要较高的成本。

2）自动控制

自动控制措施是指在达到预定限值时，装置或系列设备自动动作，不需要人为干预，如消防喷淋系统、自动补给装置等。一般情况下，实施自动控制措施需要较高的成本。

3）报警装置

报警装置措施是指在事故发生前就提醒人给予响应，如声音报警、闪光报警等。一般情况下，实施报警装置需要较高的成本。

4）行政管理

行政管理措施是指通过行政管理、完全依赖人的行动去防止事故发生。如修订规程、制定要求等。实施成本较低，但也不能确保人们会可靠地执行。

5）经验证的一次性措施

经验证的一次性措施是指面对面的活动，这需要人为记住，并在下一次正确响应，如处罚违章的作业人员、培训、经验交流会等。实施成本较低，但并不能确信人们能记住并可靠地响应。

6）不经验证的一次性措施

不经验证的一次性措施是指书面通知，被通知的人员需要决定服从与否，需要找出并阅读理解源文件，还要记住它，并执行它，如邮件、通知等。实施成本最低，但效果通常也最差。

在"四不放过"原则中，"事故原因未查清不放过"这一原则是寻找防止事故重发措施的基础工作，这一工作不但操作难度高，还需要企业整体认知水平高；"事故责任人员未处理不放过"是属于有效性第五级的整改措施；"整改措施未落实不放过"这一原则的有效实施同样要基于原因分析；"有关人员未受到教育不放过"也是属于有效性第五级的整改措施。

如果企业配套能力匹配，"四不放过"无疑是极为有价值的。

具体执行"四不放过"原则时，企业一方面要追求"四不放过"的本质价值诉求——防止事故重发，另一方面又要追求合乎"四不放过"规定的表层价值诉求。这说明企业管理者在一定程度上陷入了多元价值诉求的两难困境。

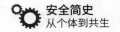
　　所以，无论是选择为了企业长治久安做正确的事所展现出来的无力感，还是选择为追求合乎规范做"正确"的事所显露出来的无奈感，都太难了。

　　而安全智能化恰好为这一困境提供了解决方案。

　　在安全智能化在线工具的帮助下，企业安全管理人员可以根据常识轻而易举地实施事故调查和根本原因分析，并科学地制定整改措施，精准地进行安全教育，以使组织获得持续改进的机会。

跨 越 之 势

时势的变迁由大时代背景决定。

中国安全生产管理的当前阶段，还依然处在个体时代。这是我的一个判断，也是写作本书的基础。

随着中国特色社会主义进入新时代，社会主要矛盾已经转化为人民日益增长的美好生活需要和不平衡、不充分的发展之间的矛盾。员工对美好生活的向往，是企业安全生产管理奋斗的目标。这个目标要实现，需要从个体时代大步踏入协同时代，甚至快速跨入共生时代。

人工智能，已经成为各行各业新的信仰！伴随智能化技术的长足发展，安全生产管理智能化的大幕正在徐徐拉开！随着中国 GDP 进入人均 1 万美元的国家行列，民生与安全的重要性愈发凸显，工业领域的安全生产不再是单个企业独自思考的问题，它已经变成社会和国家关注的重要问题。

人民出版社 2016 年 4 月出版发行《总体国家安全观干部读本》，指出："人民安全是国家安全最核心的部分，其他安全都应统一于人民安全。人民安全高于一切，是总体国家安全观的精髓所在。""维护人民安全是国家安全的根本追求，是各项安全工作的出发点和落脚点。"

可是人民的生命安全还在被生产安全事故滋扰。

2019 年 9 月 18 日，国新办举行新闻发布会，应急管理部副部长孙华山

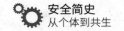
介绍新时代应急管理事业改革发展情况。他指出，我国生产安全事故死亡人数已从 2002 年近 14 万人的历史最高峰降至 2018 年的 3.4 万人。

2002 年，中国的 GDP 为 12.17 万亿元人民币，亿元 GDP 事故死亡人数为 1.150 人；2018 年，中国的 GDP 为 90.03 万亿元人民币，亿元 GDP 事故死亡人数为 0.038 人。从 2002 年到 2018 年，我国亿元 GDP 事故死亡人数大幅下降，毫无疑问，我国的安全生产管理取得了巨大成绩。

根据中华全国总工会于 2017 年 1 月至 8 月组织开展的第八次全国职工队伍状况调查，我国城镇职工与农民工总数达到 3.91 亿人。本次调查显示，职工队伍年龄整体出现小幅增长，平均年龄为 37.1 岁。"70 后""80 后"仍是职工队伍主体，两者合计达 66.9%。"90 后"职工大幅增加，已占职工队伍的 16.6%，"00 后"也逐渐进入职工队伍。城镇职工平均年龄 38.8 岁，农民工平均年龄 34.1 岁。

无论是 37.1 岁的总体平均年龄，还是 38.8 岁的城镇职工平均年龄、34.1 岁的农民工平均年龄，这 3.91 亿人几乎都是他们各自家中的顶梁柱。不容忽视的是，2018 年，这 3.91 亿人中仍然有 3.4 万人永远地离开了他们的家人，死亡率接近万分之一。

一年之间，3.4 万人死于事故，意味着新增了 3.4 万个家庭悲剧。我和伙伴们创立欧依安盾，正是为了完成"减少一起事故、挽救一个家庭"的使命，我们的事业是要帮助这 3.91 亿人提升安全意识、协同安全知识，再通过他们帮助到他们的家人和朋友，以此提升整个社会的安全水平和幸福程度。

为了减少事故，降低死亡率，各地相继出台政策，形成高压态势。

以山东为例。人民网济南 2019 年 12 月 12 日报道了山东省出台《关于强化企业安全生产主体责任落实的意见》（以下简称"《意见》"），《意见》由省应急厅、省高级人民法院、省人民检察院、省公安厅四部门联合发布，明确了山东省将建立起事故责任追究四项制度，让企业不敢违法、不愿违法，积极回应公众关心的企业安全生产违法成本低等问题。《意见》明确：对发生生产安全责任事故造成 1 人及以上死亡、3 人重伤、100 万元以上经济损失的企业要启动刑事调查，构成犯罪的，将企业主要负责人、实际控制人或有关责任人员由司法机关依法追究刑事责任。对发生死亡 1 人及以上生产安全责任事故的企业，山东省将开展联合执法，实施联合惩戒，确保让企业付出的违法成本远高于前期减少的安全投入。

山东省出台《意见》绝非唱独角戏[①]，这是时势使然。

2020 年出台新《中华人民共和国安全生产法》，事故前的严重违法行为入刑，进一步加大了安全生产整治力度。

党和国家对安全生产、应急管理的要求逐步提高，从个体时代到共生时代的跨越之势已经形成。

工信部等四部委于 2018 年年中联合发文[②]，要求引导攻克一批产业前沿和共性技术，聚焦重点行业领域安全需求，以数字化、网络化、智能化安全技术与装备科研为重点方向。

江苏省应急管理厅于 2019 年 8 月 13 日在官网发文[③]，要求督促全省化工企业完成安全生产信息化管理平台建设。

[①] 比如，人民网于 2015 年 8 月 21 日总结了 2013 年 6 月至 2015 年 8 月期间，习近平总书记关于安全生产重要论述的六大要点和十句"硬话"，这些要点和硬话对安全生产提出了严格的要求，比如，"人命关天，发展决不能以牺牲人的生命为代价。这必须作为一条不可逾越的红线。" 2019 年 12 月 1 日，人民日报和人民网同步报道《习近平在中央政治局第十九次集体学习时强调：充分发挥我国应急管理体系特色和优势，积极推进我国应急管理体系和能力现代化》，报道指出："中共中央政治局 11 月 29 日下午就我国应急管理体系和能力建设进行第十九次集体学习。" "习近平指出，要强化应急管理装备技术支撑，优化整合各类科技资源，推进应急管理科技自主创新，依靠科技提高应急管理的科学化、专业化、智能化、精细化水平。"

[②] 《工业和信息化部、应急管理部、财政部、科技部关于加快安全产业发展的指导意见》（工信部联安全〔2018〕111 号）

[③] 《〈省应急厅关于印发江苏省化工企业安全生产信息化管理平台建设基本要求（试行）〉的通知》（简称《基本要求》），主要内容是：全省化工企业要按照一次性完成总体架构设计开发的原则，一、二级重大危险源化工企业要在 2019 年 10 月底前完成重大危险源监测预警系统、实名制进出管理功能及风险研判与承诺公告功能建设；在 2019 年底前完成重大危险源监测预警系统、生产人员在岗在位管理系统建设及风险研判与承诺公告功能建设；在 2020 年底前，按照《基本要求》完成安全生产信息化管理平台建设。各级应急管理部门主要领导要亲自部署，分管领导要抓好落实，全面推进化工企业安全生产信息化管理平台建设，此项工作将纳入省委省政府安全生产巡查和省安委会年度安全生产目标考核内容。

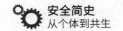
更大的政策力度出现在 COVID-19 疫情期间。

继一系列重要会议后，2020 年 3 月 4 日，中央政治局常务委员会会议明确：要加大公共卫生服务、应急物资保障领域投入，加快 5G 网络、数据中心等新型基础设施建设进度。要注重调动民间投资积极性。

5G 网络、数据中心等新型基础设施建设，目的正是为了打造更低门槛、更加便利的知识世界。我们重新思考一下，如果没有知识世界，纯粹的物理世界真的需要 5G、数据中心吗？答案是不言而喻的，物理世界不需要它们。

与其说是人类需要利用它们来更高效率、更加便利地改变物理世界，不如说是知识世界驱使人类在做这件事情，而人类获得的报酬便是更容易进入知识世界。

当人类肉眼看到物理世界在发生急剧变化时，其实是知识世界在以更快的速度生长、进化。

毫无疑问，新基建将进一步加速进入共生时代的跨越之势。

从认知层面讲，循序渐进式踏入协同时代反而困难重重，因为要改变所有人的成见难于上天。

跨入共生时代或许更加轻松，更能实现高效的弯道超车。人工智能所带来的时代红利，完全可以以少数精英骨干革新认知为驱动，将协同时代安全生产管理的算法写入智能系统中，以智能系统赋能组织当中绝大部分的参与者，就能高效切转到安全生产管理的智能化时代！

从成本投入看，踏入协同时代不需要付出太大的显性资金成本，但隐性时间成本更大，少则三两年，长则遥遥无期，更重要的是错过共生时代发展窗口期的机会成本。跨入共生时代则意味着一次性资金投入，采用人工智能手段革新安全生产管理，连同认知一起革新，带来安全生产管理绩效的倍数增长！

事实上，一些前瞻性强的企业已经开始主动寻求安全智能化转型，开始了企业新基建 ① 的历史新征程。

　　始建于 1971 年的军钢企业新兴铸管股份有限公司，经过长达一年的扎实调研，率先在中国冶金行业启动了安全生产管理智能化项目。新兴铸管武安工业区于 2019 年 7 月 16 日发布红头文件《关于下发〈智能安全项目实施方案〉的通知》，要求全面推进工业区安全智能化建设，提高工业区安全本质化水平，经过充分的调研与筹备，在广泛考察欧依安盾、华为、新华三、珠海优特等国内外顶级合作伙伴的基础上，最终于 2019 年 12 月 12 日选定欧依安盾，正式拉开了安全智能化建设的大幕。

　　从形式上一步跨越协同时代，大步流星地迈入共生时代，正在中国工业的各个行业悄然发生。

31

内生的力量

鸡蛋从内部打破，是生命；鸡蛋从外部打破，是食物。

传统制造企业的跨越之势，必定是内生的，建设安全智能化平台的力量到底是什么？

2018 年 6 月 13 日，王坚发表演讲提到，今天的城市问题不是人的智能可以解决的，城市的复杂度远远超出人类本身智能可以解决的范围，只有引进新的智能（机器智能），才能解决。

王坚的意思很清楚，当任务的复杂度达到一定程度时，人类个体、人类组织、知识三者相互协同也无法解决了，必须依靠人工智能。

当生产的规模与多样性不断扩大，一家大型生产制造企业的复杂度与安全生产管理难度并不亚于一座城市，频频发生的事故也在向人类宣告，只靠人的智能是不够用的。

我们通过实验已经充分地了解了人的特点：人们会发生单项问题出错和双向选择出错，这些都是无意识情况下的脚本行为错误，丹尼尔·卡尼曼称之为"非理性犯错"，如果没有后援，几乎不可避免。除此之外，人们还会因为使用知识化能力不足而出错，即在完全理性的情况下也不能避免这种错误，这是因为成功完成任务所需的知识化能力多于人们可以使用的知识化能力，背后的机制是组织没能及时支援这一部分能力。说到底，无论是无意识情况下的单项问题出错和双向选择出错，还是完全理性情况下的知识化能力不足出错，其本质都是知识化能力不足导致的出错。总之，如果单靠个人来阻止错误发生，是不现实的。

我们通过案例充分地了解到协同组织的特点：在协同组织中，组织给个人赋能，人们借此大幅度提升知识化能力，以避免错误发生。这种巨大的改变，使组织代替个人来面对错误和风险。协同时代的管理者认为，错误的发生是组织得以改进的良机，每一个错误都应由组织负责。这种认知使组织能力越来越高，人们的行为知识化程度也越来越高。在协同组织内，个人出错不再重要，因为组织会给予支援，以防止个人出错或防止个人的错误产生后果。即使产生后果，组织也会借此获得改进，防止错误再次发生。

在"从数据到工具"一节中我们也发现，在协同时代，组织能力依然不足以让知识发挥应有的价值。协同时代的知识并不能保证得到使用，决策机构只是偶尔一次性地"回眸"这些"静态"知识，大多数情况下，这些知识都处于离线的"沉睡"状态，这使得决策的时机被人为地延后了不少。这说明，尽管实现了协同，组织效率仍然有大幅度提升的空间，安全生产绩效还可以更好。

一个人如果没有开启系统 3，那么系统 2 的间隙运作也只会偶尔"回眸"，系统 1 的非理性决策画面像"电影回放"一般被系统 2 梳理，这与个体时代或者协同时代的组织管理决策会议很类似——人对于知识的处理也是"离线"进行的。

如果开启了系统 3，那就完全不同了，系统 3 会调动系统 1 和系统 2，在线处理各种数据和知识。

为了方便理解，我们做一个回想实验。请回忆一下你跟家人动真怒、吵猛架的那一次事件，事后你肯定进行过反思。当你动真怒、吵猛架时，系统 3 一定是离线的，系统 2 也"宕机"了。当你事后冷静反思时，系统 2 开启理性思维，不过早已事过境迁，数据都是离线的，非实时的，思考的结论也不可能穿越回去改变当时的行为，除了后悔，什么都来不及了。

假设当时你开启了系统 3，情况就会大不相同。系统 3 会站在"上帝视角"

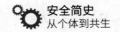
观察自己的系统 1 和系统 2，同时也会观察家人的系统 1。你会观察到家人的表情、动作和语言，自己的表情、动作和语言，对话的氛围，对话的目标等。这些数据被实时发送到系统 1、系统 2、系统 3 进行高速处理——这叫"实时数据在线"，这时你的知识化能力也是在线的。当知识化能力在线时，人们避免出错的概率就可以大幅提升了，这时你甚至可以"控场"。可见系统 3 的巨大作用：让知识化能力在线。

对应于人的系统 1、系统 2 和系统 3，组织也有相应的系统 1、系统 2 和系统 3，分别是组织管理系统 1、组织管理系统 2 和组织管理系统 3。

组织管理系统 1 对应于人的系统 1，是整个组织的安全文化、价值观、战略、制度、组织机构设置、资源分配方式等。组织管理系统 1 同系统 1 一样，持续运行，时刻起作用，身在组织内的每一个个体的行为方式都受到组织管理系统 1 的深刻影响。阿拉伯妇女必定戴头巾，医生上班时会穿白大褂，这些"脚本行为"都是组织管理系统 1 起的作用。组织管理系统 1 是组织的"性格"。

组织管理系统 2 对应于人的系统 2，是整个组织的安全生产管理中高层会议、安委会等决策机构。组织管理系统 2 同系统 2 一样，不经常运行，运行起来会产生较高成本，但组织管理系统 2 的运行会将一些"成见"沉淀到组织管理系统 1 中，以改进安全文化、价值观、战略、制度、组织机构设置、资源分配方式等。组织管理系统 2 是组织的理性决策机构。

组织管理系统 3 对应于人的系统 3，是一套人工智能在线工具。组织管理系统 3 同系统 3 一样，以上帝视角关注组织管理系统 1、组织管理系统 2 的运行，使数据和知识在线，实时决策、实时控制、实时管理、实时排程，为人们提供实时指导、警示、干预、辅助或决策结论。组织管理系统 3 是组织的在线大脑与感官，拥有组织管理系统 2 不可比拟的知识化能力——这种知识化能力是人的智能所不及的。

新兴铸管高层管理者认识到这一点，希望通过构建这一在线工具，实现在线知识化。

2018 年 9 月 19 日，时任阿里巴巴董事局主席马云在"2018 杭州·云栖大会"表示，未来 10~15 年，所有的制造行业所面临的痛苦远远超过今天大家的想象，传统制造业必须向新制造转变才有机会。

事实上也是，在技术变革的大趋势下，传统资源消耗型企业会越来越艰难，挑战会越来越大。首先，个性化需求与日俱增，但企业在技术上明显力不从心。其次，传统企业技术条件较低下，导致隐性知识显性化 ① 门槛过高，技术老手经验无法转化为显性知识，再加上劳动力的更替，技术老手的退场，企业很容易陷入知识退化、重复造轮子的窘境。而且，传统管理已经到了天花板，很难进一步提升绩效，所以行之有效的方法是利用智能化手段突破瓶颈，开始新知识世界的打造。

事实上，安全智能化不但可以帮助企业提升安全生产管理水平，也能帮助企业降本增效，提升市场竞争力。

可以预见，在安全智能化的时间抢夺战中，谁率先醒悟率先行动，谁就能在市场中获得先机；谁后知后觉行动滞后，谁就将被市场无情淘汰。

历史证明，在线物种必然完胜离线物种，在线知识世界与在线知识化能力就是市场竞争力。

固守成见，还是在线蜕变，这是一场认知的较量，更是一场时间的抢夺。

但归根结底，只有内生的力量，才能孕育出新的生命。

就我个人的观察和分析来看，安全智能化这个生命将历经 3 个阶段才能逐渐成长为成熟的共生时代。这 3 个阶段分别是：

第一个阶段：智能化新基建时期。这一时期主要是完成新基建、数字化工作，是安全智能化的孕育期。

① 迈克尔·波拉尼将知识分为显性知识和隐性知识。通常以书面文字、图表和数学公式加以表述的知识，称为显性知识。在行动中所蕴含的未被表述的知识，称为隐性知识。野中郁次郎认为，隐性知识是高度个人化的知识，具有难以规范化的特点，因此不易传递给他人；它深深地植根于行为本身和个体所处环境的约束，包括个体的思维模式、信仰观点和心智模式等。在隐性知识的认识基础上，野中郁次郎提出了显性知识和隐性知识相互转换的 4 种类型和知识螺旋，以实现隐性知识的传递。

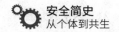

安全简史
从个体到共生

　　第二个阶段：企业知识世界时期。这一时期主要是实现企业知识创造的算法，是安全智能化的成长期。

　　第三个阶段：行业知识世界时期。这一时期主要是打通行业知识共享的机制，是安全智能化的成熟期。

　　下面章节将分别阐述。

32

智能化新基建

在智能化新基建时期，企业可通过人工智能、物联网、流式计算等技术，对场区的视频设备、人员定位、人员分类、人员标准化点巡检、违章行为、危险源、现场报警、一键呼救、电子围栏等实现平台化统一集中管理，以实时获取现场数据、打通企业数据孤岛、智能调度场区资源，打造数字化、可视化、智能化场区。

图 3.2 的框图描述了这种智能安全管理平台的架构，它由感知层、网关层、智能安全管理核心层、应用层构成。感知层设备主要包括摄像头、定位标签、定位基站、闸机等；网关可支持多种协议并将现场设备信息传输到数据分析中心；核心数据与分析层提供流媒体扩展、GPU 集群处理等能力，支持下述核心功能：人员定位、视频监控、违章识别、规划巡检、智能门禁、信息记录、电子围栏、一键呼救、危险源检查、轨迹回放、报警整合、人员分类等；应用层主要通过管理界面、大屏显示、实时监控、实时报警、人员定位图等实现。

图 3.3 描述了平台的网络拓扑架构，它以企业私有云为核心，连接 GPU 服务器集群、门禁、大屏及各类现场设备的交换机，实现平台所需的各项功能。

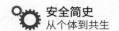

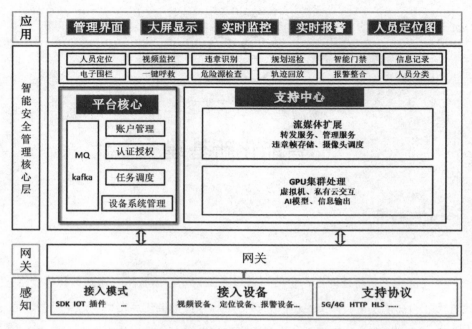

图 3.2　安全智能管理平台框图

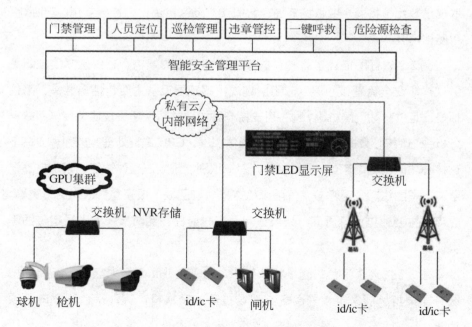

图 3.3　安全智能管理平台网络拓扑架构

这些功能包括但不限于：

◆ 人员分类管理功能，即按颜色区分不同类型人员，如本厂员工、访客、承包商人员等；

◆ 定位功能与呼救功能，即通过三维建模和定位技术实现人员定位、电子围栏、一键呼救等；

◆ 行为识别功能，即通过固定摄像头实现违章行为识别、不安全行为记录；

◆ 盲区行为管理功能，即通过移动摄像头对监控盲区进行行为实时监管；

◆ 数据融合和展示功能，即对已有数据进行统一管理、集中显示、报警管理；

◆ 人员定位与机器视觉联动功能，即通过定位功能实时调取摄像头捕捉人员现场实况；

◆ 可扩展性功能，即允许接入新场区、新人员、新算法等数据和信息。

智能化新基建完成后，安全管理场景将与以往大不相同。

作业人员到达场区入口，闸机前的双目人脸识别闸机摄像机将自动识别人脸，闸机视判定结果放行。

作业人员通过闸机后，定位卡或定位安全帽位置信息开始在系统上出现，并实时产生人员轨迹。

作业人员在靠近无权限进入的电子围栏区域，定位设备会震动发出警报，系统自动记录这一信息。作业人员遇到危险时，可按下定位设备的求救按钮，这一求救信息及其定位信息立即被推送给救援人员，以便搜救工作高效完成。

平台实行权限分级管理。平台用户分为 A 类管理员、B 类管理员和普通用户。A 类管理员具备平台最高权限，可对平台的所有事项进行管理，比如设置角色、分配权限、管理组织机构等。B 类管理员则只能管理子模块的各事项。普通用户仅具备查阅功能。

对于盲区作业，采用移动布控系统实时监控作业情况，视频通过场区网络上传到管理平台，违章信息被无差别管理。

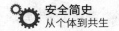
总的来说，智能化新基建作为安全智能化建设的第一阶段，基本只是做了智能设备和技术的落地，为进化到企业知识世界的阶段做好准备。

因为如果仅仅采用传统的安全监管模式与智能技术进行简单结合，智能监控、智能执法恐怕会带来令作业人员恐惧或抵触的情况发生——这不是安全智能化的目的。

安全智能化的目的应该是在帮助作业人员获得安全的同时，使生产绩效最大化。

但无论如何，智能化新基建实现了数据在线，使企业在一定程度上由离线物种变成了在线物种，使安全管理有了抓手。

至于该怎么"抓"，则是企业知识世界阶段需要做好的事了。

33

企业知识世界

尼采说:"人类的生命,不能以时间长短来衡量。心中充满爱时,刹那即为永恒。"

安全智能化设计时,不仅架构师和算法专家心中充满爱,也要让管理者和作业人员同样充满爱,这就需要将协同时代的方法论和健康指标悉数用上了,需要全员协同,需要持续改进,需要形成企业知识世界,并让它保持旺盛的生命力!

欧依核电站是国内较早开展设备可靠性管理的核电公司。作为首届设备可靠性管理委员会成员,我当时每周都要参加会议,对设备可靠性管理相关问题进行审议。其中最为头痛又长期存在的一个问题是,预防性维修作业人员在执行任务时不按照要求提交"实况信息"(as found information)。

实况信息是指设备预防性维修前的实际状况,比如磨损、积灰、松动、裂纹、锈蚀、渗漏、油位等各种信息,最好是采用文字来详细描述(可辅以图像和视频)。实况信息非常重要,它是实用的 OE,是持续改进设备可靠性管理策略的依据,这些数据是构建企业知识世界的重要输入。

作业人员也知道实况信息是必填内容,但就是很少人提交真实客观信息,几乎都是敷衍了事地填写"无"或者其他主观的极简描述。

设备可靠性管理委员会对此毫无办法,总不能强迫作业人员吧,所以最

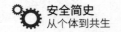
后不了了之。

形成这种局面的原因是，我们当时没有意识到"贡献真实数据"与"完成工单任务"同等重要，没有让"贡献真实数据"这件事成为作业人员获取收益的"工作量证明"[1]，没有在激励机制上做文章。

作业人员执行预防性维修工单，工单本身就是"工作量证明"。虽然提交实况信息是工单要求，但无法证明"贡献真实数据"的工作量，不会增加其个人收益。当"贡献真实数据"与填写"无"所获得的个人收益相同时，绝大部分人选择少耗费些精力，有价值的设备 OE 数据就不会大量产生。

在"历史的跳跃"一节中描述了这样的状况："生产早会、季度安委会和年度安全总监会，会议主要以设备缺陷、已发生的事故 / 事件、管理层安全检查情况、工作计划为讨论的基础，这些会议材料的数据量甚至还未达到人为处理能力的极限。不仅数据量少，数据品类也不足，比如缺少不安全行为等领先指标数据。"

与填写设备维修前的实况信息一样，详细描述不安全行为发生的情景，分析不安全的管理原因或不安全的环境因素，只会徒劳地增加作业人员的工作量，甚至有时还会产生副作用（比如，会有人被处罚），反正，员工绝不会相信，"贡献真实数据"会增加其个人收益，这让有价值的行为知识无法大量产生。

这很公平。

不过，这让企业知识世界无法生长和进化，大量有价值的数据流失，事过境迁再也追不回来。

事实上，企业不仅在设备实况信息和行为安全信息方面流失了数据，在许多工作环节上对数据的采集与管理也明显不足，比如，员工实际工作时长与闲置原因、员工数据贡献值、员工知识产权贡献值（广义的知识产权，如改进

---

① 　工作量证明（proof of work, PoW），闻名于比特币，俗称"挖矿"。1999 年由马库斯·雅各布森（Markus Jakobsson）与朱尔斯（Ari Juels）提出，现在 PoW 技术成了加密货币的主流共识机制之一。PoW 是指系统为达到某一目标而设置的度量方法。本文中的"工作量证明"一词借用 PoW 的概念，简单理解就是一份证明，用来确认做过一定量的工作。

方案、新教材、新规程、技术创新等)、产品返工率与原因、物料搬运路线与搬运时间、工序作业时间、备品备件及物料相关的准确信息……这些都是构建企业知识世界的必要输入。

2019 年 6 月 4 日,国家市场监督管理总局与国家标准化管理委员会发布数据资产领域首个国家标准《电子商务数据资产评价指标体系》(GB/T 37550—2019)。在我看来,这个国标最大的作用是帮助人们对数据的资产价值建立了认知。

数据是一类极具价值的资产,是形成企业知识世界的关键原材料,而企业知识世界决定了组织的核心竞争力。

更为重要的是,当我们意识到数据具有资产价值时,让员工"贡献真实数据"这件事本身就会带来更高的组织协同效率,这是因为"工作量证明"让员工不断优化自己的行为,以获取更多的个人收益。

要理解这个结论,有两个例子可供借鉴。第一个例子是网约车司机,当网约车司机处于在线状态不断接单送客之时,传统的出租车司机大部分时间都在路上空跑。网约车司机贡献真实数据的同时,与系统和客户协同在了一起,效率与收益大大提升。第二个例子是淘宝店家,当淘宝店家使用阿里云摆放其商品时,1000 个人同时在这同一家店铺看到 1000 个不同的店铺模样,而线下的店铺对此无计可施。淘宝店家贡献真实数据的同时,与系统和客户协同在了一起,成单效率明显提升。

这就出现了一个值得注意的有意思的现象:让员工贡献真实数据,不但可以产生在线知识,使企业知识世界进化,还能大大提升协同效率,同时,优秀的员工也能获得更多的收益(英雄更有用武之地)。

但这种认知并没有那么容易落地在工业生产的场景中,因为要让人们相信自己做的所有有意义的工作都会产生价值或收益,不是口头许诺就可以实现的。

它的落地还需要技术的支持,即准确、安全、可信的"工作量证明"技术,让员工可以利用这一技术的算法来创造知识,共同构筑企业知识世界。

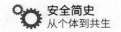
区块链技术刚好满足了这一需求。

区块链技术起源于一篇关于比特币的论文。2008 年的冬天，一位名叫中本聪（Satoshi Nakamoto）的学者发表了区块链技术的奠基性论文：《比特币：一种点对点电子现金系统》。该论文阐述了如何建立一套完全点对点（个人对个人，person to person,P2P）的现金系统。从此，这种去中心化的区块链技术开始了其传奇般的发展历程。

区块链技术诞生不过 10 年之久，就已经历了区块链 1.0（比特币）、区块链 2.0（智能合约）、区块链 3.0（落地应用）3 个阶段。到 2016 年，区块链领域的创业公司和项目获得十几亿美元的投资，中国发布《区块链技术和应用发展白皮书》。到 2019 年 10 月 24 日下午中共中央政治局就区块链技术发展现状和趋势进行第十八次集体学习后，区块链成为中国核心技术自主创新的重要突破口，区块链产业在中国形成热潮。

无论区块链技术如何发展，它从诞生的第一天起，就具备了最核心最基本的特征：不可篡改。这一特征让人与人之间建立起无比宝贵的相互信任，而信任是协同的基础。

区块链建立信任的方式是采用分布式记账方式、区块链条、系列加密算法和验证机制。本书篇幅有限，不便展开，仅对这一系列信任机制中的一个核心算法做简单介绍，这个算法就是哈希（Hash）算法。

哈希函数：Hash(原始信息) = 哈希值

原始信息可以是任意的信息，Hash 之后会得到一个固定长度的哈希值。

哈希函数具有 3 大显著特点：输入敏感、逆向困难、抗碰撞。

（1）输入敏感：完全相同的原始信息哈希后总能得到完全相同的哈希值；原始信息略微变化后就会得到完全不同的哈希值。

（2）逆向困难：这个特点是指如果知道了哈希算法计算的结果，是无法（或很大概率上不可能）逆向推导出原始输入数据的。在密码学中，这尤为重要，经过哈希加密的数据即使被黑客获取，他也不能还原出原始数据。

（3）抗碰撞：两个不同的输入数据经过相同的哈希计算之后得到相同哈希

值的概率极低，如果碰巧相同了，称为一次哈希碰撞。但是，找到能发生碰撞的两个输入需要付出巨大的计算代价。

这 3 个特点与人和指纹的关系很像。假如人是原始信息，那么指纹就是哈希值。你和你的指纹唯一对应，有了指纹无法知晓其主人性别、姓名，除非一个一个比对出来。

同时，哈希函数隐匿了原始信息，保护了隐私。

哈希函数的这几个特点确保了信息可被准确、安全地保存、访问和验证。

举个例子。

Sha256(Today is Wednesday1) = df99cld74d3b3b65flda3eefec19289fb50a57f3d9cafb8fa52989e229667c38

> 注：上面的式子是在 Python 环境下使用 hashlib 库的 sha256( ) 函数运算得到的十六进制结果。世界上任何一台计算机都会得出上面的结果。

但是，如果原始信息有任何变化，哈希值就会面目全非。比如，将 Today is Wednesday1 改成 Today is Wednesday2，哈希值会全然不同。

Sha256(Today is Wednesday2) =2f8d20fd70a7b80355557529e19feca3c32f0fb420085243f1358bf3c531810b

输入敏感、逆向困难、抗碰撞的特点确保"丑事不出门"，企业数据不会外泄，同时，可轻松验证到底是 Today is Wednesday1 还是 Today is Wednesday2。

中本聪利用哈希函数等加密算法建立了区块链的底层技术，使之成为不可篡改和不可伪造的分布式账本。之后，区块链技术获得不断发展，在区块链 2.0 阶段形成了智能合约技术，它以程序的方式自动执行当初拟定的合约，让信任成本进一步降低。到区块链 3.0 阶段，区块链通过数据隔离和跨链审计的方式以及侧链技术，确保业务数据的安全，解决了数据透明与商业保密的平衡问题。

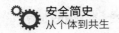
通过区块链技术，数据的变更历史按时间被先后链在一起，通过共识机制使得数据的建立与更新可见，确保数据无法被恶意篡改，从而使数据的提交人、修改人、工作量以及数据本身都变得可信。

除此之外，企业可以利用区块链技术进行员工工作量统计，利用智能合约技术发放薪资或奖金，以共识机制最大限度地降低信任成本，充分调动员工的工作积极性、优化员工行为，并源源不断地创造知识，形成企业知识世界，以此提升安全水平，增强竞争力。

当然，区块链技术的场景应用开发依然是一个高门槛的工作，而结合云计算服务的资源弹性伸缩、快速调整、低成本、高可靠性的特质，就可以帮助企业（尤其是中小企业）快速低成本地进行区块链开发部署。

总之，技术带来了信任，信任带来了安全感，安全感促进企业知识世界的形成。

从技术上来讲，它并不区分不同领域，所以安全领域的在线企业知识世界必然会延伸到企业经营管理的各个领域，如生产计划、仓储、供应链、人力资源、财务、行政、安保等，直到将企业完全在线化，管理完全智能化。这意味着企业会形成一个全域在线知识世界，它无需多个智能系统，数据孤岛问题也不复存在，也意味着之前耗费重金采购或开发的各种软件依然可用。在全域在线知识世界的帮助下，企业生产经营管理效率将大幅度提升（决策周期由月或天转变为实时），成本大幅度下降（如大量减少人力成本、减少物料浪费、减少流程卡顿等），必然在市场竞争中胜过落后的同行。

值得注意的是，除了企业自身产生的企业知识世界，一些优秀的行业服务商也能帮助企业提供知识服务，以大量节省企业资源消耗。

比如欧依安盾团队研发的 OEBOX 云平台产品，集员工培训、考试功能于一体，实现了线上、线下两种方式的自由选择与数据的自动采集、处理、可视化。

OEBOX 依靠大量行业专家优势集中打造的趣味动画视频课程和题库，帮助企业解决了人力投入大、耗费时间长、管理成本高而培训效果不佳的问题。

　　OEBOX 自动组织培训和考试、自动存档的功能，在减少了绝大部分管理工作量的情况下，帮助企业实现了对员工安全教育的智能化管理，尤其是对外来人员的入场管理。

　　为了提升用户体验与在线程度，OEBOX 携带的智能视觉系统能够帮助学员进行无感人脸识别签到与存档，确保所有档案真实可信，以备查验。当人脸识别门禁系统开放接口时，OEBOX 还能帮助甄别入场人员的真实身份。

　　在此插入 OEBOX "硬广告"，还有一个更为重要的目的。

　　我相信各位在阅读本书时仍然会有大量的问题，一些在本书中尚未能一一讨论的细节问题，比如在阅读防人因失误、观察指导、根本原因分析、评估、风险预控、安全信仰、智能化新基建等章节时，希望能得到更为细致的讲解与答疑。而且，这种需求将是普遍的、大量的。

　　为此，我将十多年的丰富经历得来的宝贵经验，一一录制了课程，长达数十个小时，全部放在了 OEBOX 中，各位只需要购置 OEBOX 即可细细研究。

34

行业知识世界

要从企业知识世界发展到行业知识世界，在过去不仅仅是技术上存在鸿沟，思想上也存在鸿沟。这一鸿沟主要来自对数据安全的顾虑。目前，数据安全问题已经在技术上基本得到解决。

2013 年 3 月 1 日，虎嗅网在其官网刊发了一篇文章《【实录】2 月 27、28 日，虎嗅经历了这么一场服务器反击战》，讲述了虎嗅在阿里云上的服务器遭受攻击依然屹立不倒的经过。

虎嗅网成立于 2012 年 5 月，是一家科技媒体，向来以观点犀利著称，这有可能是其遭受网络攻击的原因。

虎嗅感慨道，云时代的攻击与防护方式与传统服务器托管时代有着鲜明的对比。传统服务器托管时代，因为办公场所与托管机房之间有物理距离，所以整个过程折腾下来，至少需要 6 小时。而在云时代，反击时间已经大大缩短，云服务商们的弹性计算也可以提供无缝的性能提升来临时抵御攻击，响应速度更快、资源匹配更灵活，这使得网络攻击在未来可能再形不成恶意力量。

事后看来，虎嗅网幸亏是采用了云服务而非自己的服务器或托管服务器，才令其免于崩溃。

读者们可能误以为一家媒体被网络攻击的后果不算严重，误以为只有像媒体一样的企业才敢将自己放到公共云上。这是严重低估了新闻行业的重要性，低估了媒体的影响力。

然而，更令人意想不到的是，与"钱"直接相关的银行，居然也开始全线"上云"。

2015 年 6 月 25 日，中国第一家核心系统基于云计算架构的商业银行——网商银行正式开业，它由阿里巴巴旗下蚂蚁金服发起设立，构建在阿里云上。半年后，网商银行服务小微企业数量突破 50 万家。

2016 年，银监会出台《中国银行业信息科技"十三五"发展规划监管指导意见》，提出了银行业上云的明确目标，并指出，银行业应稳步实施架构迁移，到"十三五"末期（即 2020 年），面向互联网场景的重要信息系统全部迁移至云计算架构平台，其他系统迁移比例不低于 60%。

事实上，并非银监会的强制要求才令银行纷纷上云，真正的原因是技术升级带来的红利盛宴，让那些勇敢走向云端的第一批金融机构们首先品尝到了甜头。当微众银行、网商银行等标杆被成功树立后，过去对"云"秉持观望态度的大部分金融机构，也开始主动上云。

南京银行就是一个典型的案例。南京银行是成立于 1996 年 2 月 8 日的一家传统银行，截至 2016 年年底，资产规模突破万亿。据悉，南京银行上云之后，互联网金融业务快速发展，线上业务量激增。仅 2017 年一年的时间，其线上发展规模已经赶超了线下 10 年的发展。

除了获取红利，避免落后于时代，传统银行选择上云，当然也有其不得已的原因——传统的信息系统架构阻碍了其业务的发展。

传统架构一般是采用 IOE（IBM 小型机、Oracle 数据库、EMC 高端存储），但随着业务发展，IOE 架构无法支撑业务发展，不断扩容更是成本高昂。同时，IOE 架构还存在响应速度慢、生产问题多、数据治理难等多重瓶颈。

银行面临的这些问题，在生产企业同样存在。当智能化需求被唤醒，数据量急剧增加，生产企业要赶上时代，不被上云的在线物种淘汰掉，就必然要扩容，必然会面临 IOE 的重重限制。数据上云，提供了不错的解决方案。

银行上云获得了成功，这说明唯一的安全隐忧也被现实的案例打消了。

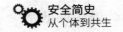
但当银行上云时，终归是将各种敏感数据通过加密的方式放到了"公共云"上——这些数据为何会更加安全呢？

主要有三个原因：

原因一，通常情况下，"公共云"的安全保护措施比"私有云"更加强大，因为"公共云"投入的资金规模要远远高于"私有云"。

原因二，"公共云"的数据备份相较于"私有云"更多，数据不容易丢失。在企业内部，数据丢失事件通常是企业内部员工的不安全行为造成的，而非黑客所为。当企业将数据上到"公共云"之后，员工偶发的不安全行为不再是威胁。

原因三，"公共云"可在第一时间发现并告知用户数据的泄密风险。如果数据保存在"私有云"本地，可能难以及时发现和处理数据泄密事件；而在"公共云"上就不同了，正如虎嗅网 2013 年 2 月底遭受网络攻击一样，"公共云"可以及时响应并阻止泄密事件的发生。

以前虽然也发生过一些数据泄露的事件，但几乎都不是由于"公共云"被攻破而泄露出去的。比如，2018 年脸书（Facebook）公司向第三方公司泄露 5000 万条个人信息，这是主动的泄密事件。同年，中国华住集团酒店入住信息被黑客获取，正是因为华住集团没有使用安全可靠的"公共云"。新浪财经对华住数据泄露事件的评价是："这次信息泄露，不是敌人太强大，而是公司的信息安全意识不够。"[1]

随着安全意识的提升，"公共云"概念逐步深入人心，以及法律层面的监管越来越规范和严格，在"公共云"上的数据安全问题将不再是企业管理者心头莫须有的大患。

国际数据公司（IDC）研究称[2]：到 2025 年，全球 49% 的数据都会存储在

---

① 新浪财经新闻称，华住隐私数据泄露事件发生后，专注于智能反网络犯罪的互联网安全厂商曾在微信平台发文称，"疑似华住公司程序员将数据库连接方式上传至 GitHub 导致其泄露，目前还无法完全得知细节，已将所有信息提供给华住集团相关负责人。"而 GitHub 是微软收购的一个面向开源及私有软件项目的托管平台。

② 详见国际数据公司（IDC）于 2018 年 11 月发布的白皮书《数据时代 2025：从边缘到核心的世界数字化》（*Data Age 2025: The Digitization of the World From Edge to Core*）。

"公共云"上。这一数据也从另一侧面说明"公共云"是可以被信赖的。当然，并不是每一个号称"公共云"的服务商都是值得信赖的，这是完全不同的概念。

为了达到安全的 3 种状态（客观上不存在威胁，主观上不产生恐惧，后果上不蒙受不可接受的损失），安全必须建立在成本与效益的平衡之上，"云更安全"的判断也是出于这样的考虑。对于少量的所谓关键数据，如果企业愿意投入与"公共云"同等规格的硬件成本，可以存储在企业自己的"私有云"上。欧依安盾提供的这种少量关键数据在"私有云"、绝大多数数据在"公共云"的组合，称为"混合云"。

数据上云后，随之而来的是另一个问题：如何最大限度地挖掘知识？这个问题等同于另一个问题——如何与同行、供应链或生态系统构建行业知识世界？

这是比上不上云更高维度的一个问题。上云获取在线知识化能力是较低成本提高竞争力与安全水平的途径，上云之后从行业知识世界中获得在线知识化能力是增强竞争力与安全水平的良方。上云而不加入行业知识世界，那就还是"各人自扫门前雪，莫管他家瓦上霜"的局面。事实上，没有哪家企业是独立于行业、独立于供应链之外的超然存在。那么，行业知识世界就应该在行业内、在供应链体系内、在生态内有效实现。这就带来另一个问题：如何保护自家数据安全的前提下构建行业知识世界？

联邦学习提供了解决方案。

国际人工智能联合会理事会主席、微众银行首席人工智能官（chief AI officer, CAIO）杨强[1] 先生在论文《AI 数据隐私保护：联邦学习的破解之道》[2]中

---

[1]　杨强，香港科技大学新明工程学讲席教授 、计算机科学和工程学系主任。他是国际人工智能界"迁移学习"（transfer learning）技术的开创者，同时提出"联邦学习"（federated learning）的研究新方向。他于 2013 年 7 月当选为国际人工智能协会（AAAI）院士，是第一位获此殊荣的华人，之后又于 2016 年 5 月当选为 AAAI 执行委员会委员，是首位也是至今为止唯一的 AAAI 华人执委。2017 年 8 月他当选为国际人工智能联合会 (IJCAI，国际人工智能领域创立最早的顶级国际会议) 理事会主席，是第一位担任 IJCAI 理事会主席的华人科学家。

[2]　《信息安全研究》第 5 卷第 11 期，2019 年 11 月。

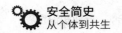

指出，联邦学习可以在保护各机构数据隐私的前提下促成更大范围的合作，以实现跨企业协同治理。

伴随着计算力、算法和数据量的巨大进步，人工智能迎来第三次发展高潮，开始了各行业的落地探索。然而，在"大数据"兴起的同时，更多行业应用领域中是"小数据"或者质量很差的数据，"数据孤岛"现象广泛存在。例如在信息安全领域的应用中，虽然多家企业推出了基于人工智能技术的内容安全审核、入侵检测等安全服务，但出于用户隐私和商业机密的考虑，企业之间很难进行原始数据的交换，各个企业之间服务是独立的，整体协作和技术水平很难在短时间内实现突破式发展。

而联邦学习正是为此提供了解决之道：数据不必交换，但数据价值转化而成的知识可以交换、共享。

要理解这一段文字，需要理解人工智能第三次浪潮发端的基础：深度学习。深度学习依赖于模型和算法，而训练一个可靠的模型需要海量的数据。虽然进入共生时代的企业通过物联网、5G、人工智能等可以产生原来百倍到千倍的数据量，但这些数据量依然不够海量，并且，这些数据产生的场景过于单一，不具有行业普适价值，数据质量不够高。

只有在各企业的数据之间建立广泛连接，才有可能充分挖掘数据的行业价值，形成行业知识世界。

但这很不容易。2018 年 5 月 25 日，欧洲联盟出台首个关于数据隐私保护的法案《通用数据保护条例》（General Data Protection Regulation, GDPR），明确了对数据隐私保护的若干规定。百度百科记载：2019 年 7 月 8 日，英国信息监管局发表声明说，英国航空公司因为违反《通用数据保护条例》被罚 1.8339 亿英镑（约合 15.8 亿元人民币）。Facebook 和 Google 曾因数据隐私泄露而遭受重罚；股价大跌。

《中华人民共和国网络安全法》指出：网络运营者不得泄露、篡改、毁损其收集的个人信息；未经被收集者同意，不得向他人提供个人信息。但是，经过处理无法识别特定个人且不能复原的除外。

正是因为人们在共生时代既要保护数据安全防止数据外泄，又要攻破数据孤岛建立广泛连接，杨强老师提出了联邦学习的技术解决方案。

联邦学习指的是在满足隐私保护和数据安全的前提下，通过算法让不同企业的数据在"足不出户"的情况下进行人工智能模型训练，从而源源不断地挖掘出行业知识。

举个例子，某某行业一共 20 000 家大中小企业，其中的 100 家不同规模的企业出现了相同的设备故障。剩下的 19 900 家企业不需要知道是谁家出了故障，就可以从行业知识世界获得避免这些故障的 OE。行业知识世界在此过程中解决了 3 个关键问题：

（1）保护企业数据；

（2）共享事故知识；

（3）训练普适模型。

从实际来看，一般情况下，任何一家企业的数据量都不够大，这种不大的"小数据"是无法训练出准确普适模型的，但联邦学习算法却可以做到这一点。它在确保各家数据足不出户的情况下，使用各家数据进行训练，以此获得的模型更加准确，提炼出行业知识。相比之下，"私有云"既不能获得如此准确的模型，也无法实现知识共享，在安全方面与行业知识世界相比更是云泥之别。

新 的 起 点

当人工智能开始帮助形成行业知识世界时，人工智能才算真正实现产业落地。在中国，行业知识世界的形成将是新的历史起点，从这个起点开始，原有的格局将被逐渐打破，安全生产管理开始迈入共生时代。

然而，在我国，要形成行业知识世界，光解决数据安全问题还不够，还得想办法挖掘数据价值，提炼行业知识，构建行业知识共享机制。

我在核电行业十多年，深知行业知识世界的重要性。核电企业之所以在全球各个行业中安全水平位列第一，原因不仅仅是因为它构建了以 OE 管理为基础的持续改进型企业知识世界，它还深度参与到全球核电行业知识世界的进化中，并获得行业知识世界的赋能——尽管这一行业知识世界目前还远未实现全面实时在线，但也已经发挥了巨大的价值。

西方国家工业革命以来，普遍注重行业知识世界的建设，各个企业都愿意提供大额资金和真实数据来支持行业研究机构，为的是从行业研究机构获得行业知识世界的赋能，比如美国的核电行业有美国核电运行研究所、电力行业有美国电力研究协会（Electric Power Research Institute，EPRI）、全球核电有世界核电运营者协会等。除了经营数据外，行业内各大集团及其旗下企业居然会将自家的各种真实运行数据悉数同步给行业机构。这与我国的情况有所区别。

以电力行业为例，美国电力研究协会成立于 1973 年，是一个非营利的能源和电力科研机构、协调组织，经费由美国主要的公用电力公司资助。其主要任务是组织、协调并统一规划发电、输电、配电、用电等方面的科研活动，以及核能发电、新技术开发利用、环境保护等方面的研究，科技信息的交流等。该协会的科学技术研究成果与研究深度甚至令中国科学院这样的机构都艳羡，因为协会的数据来源具有真实、稳定、持续、全行业、全流程、全覆盖的特点，而中国科学院都很难做到这么接地气。

国内的电力行业也都设有研究院，但这些研究院均隶属于各个电力集团，几乎都是经营性单位，在行业知识世界的建设方面，存在天然的部落效应①。可以说，如果没有技术力量打破这一僵局，我国的行业知识世界建设是缺乏基础的，而企业的安全生产管理恰恰需要一个强大的行业知识世界给企业赋能才能做得更好。

虽然受到 COVID-19 疫情的影响，世界格局与经济秩序发生了巨大的变化，但全球化合作与竞争的态势不会改变，在供应链和销售渠道上的合作，以及在行业内的竞争将持续存在。合作能力与竞争能力，很大程度上取决于知识世界与知识化能力的表现。

第一次知识革命后，虽然智人种群脱离了生物界的竞争，但竞争并未结束，反而进一步加剧。人与人之间的竞争、企业与企业之间的竞争、组织与组织之间的竞争、平台与平台之间的竞争、国与国之间的竞争，甚至人与大自然的竞争，在人与人的合作、人与知识的协同中愈演愈烈。为了在竞争中不被淘汰，无论是个人、企业，还是组织、平台、国家，都需要获得高维知识世界的赋能。

中国从秦朝开始，就建立起强大的国家治理体系；到汉代时"罢黜百家、独尊儒术"，使整个国家从上到下的行政体系进一步强化；到现在，尤其是 COVID-19 疫情防治效果表明，中国特色社会主义构筑的国家治理体系显示了

① 部落效应，指的是我们不知不觉就将自己归为某一个团体里面，从而和另外一个团体对抗的一种现象。部落效应有三大特点：第一，对抗；第二，自以为是；第三，故步自封。

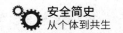
其优越性。但是，在科学技术与产业应用上，我国仍然还处在追赶的道路上，而在安全生产管理方面，更是整整落后了一个时代。

之前我们早已得出结论，我国大部分企业还处在安全知识世界不成熟、安全知识化能力不健全的个体时代，而西方的代表性行业都已经整体进入协同时代，背后的根本原因之一，就是我国绝大部分行业还没有形成行业知识世界，在安全领域也未形成安全行业的知识世界。

曾有数位不同行业的安全总监向我诉苦，"安全生产管理遇到了瓶颈"，尝试了各种办法，总是无法突破。我很理解他们的心情和处境：无论个人和同仁们如何付出，总是难以获得回报，而深层次原因又无法知晓。

但从他们的努力与诉求来看，他们依然在孜孜不倦地尝试着改变现状，这是一个好消息。

第二次知识革命给我们带来了弯道超车的机会。从整体上判断，中国在国家层面已经在应急管理领域开始迈入共生时代，而新基建的大规模启动将加速这一跨越过程，企业在这种大背景之下，不得不做出选择，只是早晚的问题。

在时代更替之际，认清时势并主动顺应时势者总能获得最大的好处。比如，当认知程度更高的甲厂尝试开启了代表企业新基建的智能化道路，甲厂的安全水平与效益不断提升，逐渐领先于同行，获得更大的市场。这时，乙厂、丙厂、丁厂相继跟进，同样获得甜头，并蚕食掉甲厂剩下的大部分市场。后知后觉者在这个过程中陨落，就如同柯达之于照相行业、诺基亚之于手机行业。乙厂、丙厂、丁厂的被迫行动表明，正是知识以及知识化能力本身在追求进化，而柯达与诺基亚的陨落则表明，阻碍知识以及知识化能力进化者会招致可怕的反噬。

可是，在企业范围内完成智能化并不意味着结束，接下来的剧情更加由不得企业做主了。市场上会出现一批高科技研究机构，它们通过联邦学习、区块链、云计算等智能技术的应用，帮助各个企业挖掘数据的价值，形成行业知识世界，再通过行业知识世界向企业赋能。在这种机制中，企业里的大多数员工将转而为行业知识平台服务，成为像网约车司机一样的个体，而企业也将逐渐失去其原来的意义，转变为行业知识平台里的生产资料提供者。

　　说句题外话，这样的行业知识平台或者行业知识世界，才能够称为"产业互联网"。

　　在行业知识平台所主宰的世界里，人工智能算法生产的知识成为驱动一切生产要素流动的力量，人工智能、知识、人类个体在这个平台上实现共生，形成三者互为依赖的共生智能网络。

　　在这种共生智能网络中，行业知识世界得到各个企业和各个人类个体的滋养，知识不断生长、进化。

　　在行业知识世界的赋能下，企业将呈现出前所未有的全球竞争力，而现今的各种安全生产问题也会大部分悄然消失。

　　值得注意的是，安全生产问题并不是自行消失掉了，这是共生智能网络作用的结果。

　　随着共生智能网络的落地，作业人员也将在感性的系统 1 与理性的系统 2 之外，配备"体外系统 3"——行业知识世界的智能终端，它让作业人员知晓物理世界中即将出现的风险，并提前采取对策。

　　同时，体外系统 3 还能激励作业人员主动贡献真实数据以获得收益，这些真实数据又能反过来促使行业知识世界持续改进。

　　在作业准备时，体外系统 3 会帮助作业人员完成以下工作：①提醒作业人员相关的 OE，并帮助其确认相关安全措施已经完成；②评估工作准备效果与工前会效果，并自动更新智能规程，以在作业过程中对准备过程中的不足给予补偿；③结合历史画像，依据工作准备与工前会的评估结果，形成新的实时人物画像，对作业人员进行相关知识与技能的培训，并以此对其进行实时作业授权；④进行智能作业许可（欧依安盾研发的一种相比于传统作业许可证制度更为安全、高效的智能作业许可技术），将作业许可贯穿到整个作业过程中；⑤智能合约对满足要求的行为进行实时奖励，让作业人员产生愉悦感，沉浸在游戏的感觉中。

　　在作业过程中，体外系统 3 会帮助作业人员完成以下工作：①帮助作业人员"看到"自己的行为；②对作业行为进行实时评估，及时提醒风险；③通过区块链通证化的方法将数据转化为有价格的链上通证，为数据赋予经济动能，激励作业人员贡献真实数据；④实时调整生产计划，帮助作业人员获取新的工作任务；⑤智能合约对满足要求的行为进行实时奖励，让作业人员产生工作愉悦感，沉浸在游戏中。

在作业完成后，体外系统 3 会帮助作业人员完成以下工作：①激励作业人员贡献真实数据；②智能合约触发最后的一笔收益。

在体外系统 3 的帮助下，优秀的员工可以根据自身意愿与能力，接受更多的任务，获得更多的收益，贡献更多的数据，产生更多的知识。体外系统 3 的母体（行业知识世界）也得到进一步的生长与进化，更好地为行业知识平台上的人类个体赋能。

人类个体可最大限度地避免"单项问题出错"和"双向选择出错"，"知识不足出错"的问题也不复存在。

整个过程，没有环境挤压，没有资本压迫。取而代之的，是信任与尊重，是关怀与帮助，是即时的收益兑现，是在线的知识生产，是游戏。

对，正是游戏！

36

一 场 游 戏

　　据报道，在 2020 年春节，《王者荣耀》日活^①基本保持在 8000 万以上，在除夕当天，日活接近 1 亿，收入超 20 亿元，比 2019 年除夕（13 亿元）增加 53%，成为当之无愧的吸金巨兽。腾讯另一个热门游戏《和平精英》也不甘示弱，在 1 月 25 日日活达到了 7994 万，之后与《王者荣耀》的差距有缩小的趋势。

　　8000 万人是什么概念呢？在世界各国人口总数排名中是第 20 位，意大利的人口总数才 6000 万，德国的人口总数也不到 8300 万。日入 20 亿元如果换算成一年的收入又是什么概念呢？足可以在全球各国的 GDP 排名中位列第 61 名，超过斯洛伐克、缅甸、冰岛等 100 多个国家，而它仅仅只是一款网络游戏！

　　据市场调研公司 Niko Partners 与其合作伙伴 Quantic Foundry 2018 年的调查报告显示，中国玩家在游戏里的投入非常多，PC 平台的核心玩家平均每周投入 42 小时时间，超过了每周标准的上班时间。

　　如此规模的人口，将如此规模的时间和金钱，花费在完全脱离了现实物

---

① 　日活：daily active user，DAU，日活跃用户数量。常用于反映网站、互联网应用或网络游戏的运营情况。DAU 通常统计一日（统计日）之内，登录或使用了某个产品的用户数（去除重复登录的用户），这与流量统计工具里的访客（UV）概念相似。

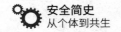
理世界的游戏中，众多玩家杀伐疆场、看尽繁华，演绎着看似虚无缥缈，实则比现实更加真实的第二人生。

为什么人们愿意前赴后继地陷入游戏呢？

根本的原因是游戏给人即时正反馈的体验。

游戏中手起刀落、枪响爆头带来的多巴胺，能让人暂时忘却所有不堪的记忆，沉浸到快乐与兴奋中。游戏中的人头数、死亡数、助攻数，对玩家的表现给出及时评价与反馈，不落下每一点进步，也不错过每一次失误，让人知道如何改进自己，每一次改进都能立即看到成绩。游戏给人长期目标和短期目标，它的排名机制让玩家时刻知道自己身在何位。游戏很少给人焦虑感，胜者荣光无限，逝者推倒重来，一切都毫不费力。游戏中没有真正的死亡与失败，重生时还可以带着上一世的经验，在这一世的进步中体验复仇的快感……

对于人类来说，现实世界往往是破碎不堪的，而游戏却能完美填补，给人无止境的满足感。这并非现实不懂人性，而是之前的技术在现实中无法实现游戏的即时反馈，但这一现状正在逐渐改变。

有一款被称为"英语流利说"的 APP 就完全采用了游戏的手法，人工智能即时反馈，教学体验居然远远优于真实的英语老师。未来的学校恐怕都会被这一类游戏颠覆。在游戏中，翻转式学习取代了填鸭式教学，即时反馈取代了各类测试，巨量参与者的排名冲淡了相对落后学生的焦虑，脱离专业限制的学习使跨界更加现实与普遍，突破时空限制的课堂使终生学习成为真正的新常态。

游戏本就是人的天性，是人性最根本的需求之一。

当历史步入共生时代，一切都将改变，未来的世界，一切都将游戏化。这在人性深处得到呼应的新时代的兴奋，注定会从游戏世界蔓延到整个知识世界并改变整个物理世界。

安全生产将会发生什么样的改变呢？大概会有三大变化。

第一，每个有意义的行为都将数据化，并转变为绩效积分信息，在行业知识世界的算法模型里，人工智能实时向各方同步反馈，作业人员的收益就体现在这些即时反馈当中。

作业人员的不安全行为不会持续到事故发生，就早已被绩效积分减少的即时警告制止。作业人员会从安全行为中获得绩效积分的增长，充值的快乐音符不绝于耳。在一次次被制止或被奖励当中，作业人员会逐渐养成协同时代所期望的那些安全信仰与安全习惯。

第二，组织被制定游戏规则的平台取代，人们在平台上工作，没有雇佣关系，酬劳实时计算，个体的价值得到保护与凸显。

人们从平台上拥有的虚拟身份中，获得或多或少的收益与快乐，收益不但来自作业任务的结果，也来自过程中的行为，结果与行为都是绩效积分的依据。

有余力的人甚至在多个平台上获取作业任务，拥有多个虚拟身份，这些虚拟身份及其线上线下表现的集合，就构成了个体的全部现实。

在这种现实下，人们不止有第二人生，而是多重人生同时存在。

第三，每个作业人员都将成为知识创造者。

知识创造，不再专属于所谓的"知识分子"，它将属于工作的随时随地，属于每时每刻，属于每一个参与其中的智能生命。由此创造出来的在线知识世界，将像一轮永生的太阳，高悬天际，俯瞰和照耀着安全生产的所有层面。

在这种情况下，知识发挥越来越大的作用，它反哺设计，优化本质安全，增加在不确定性中获得安全与收益的能力。

据媒体报道，2019年4月19日，英国汽车制造商捷豹路虎表示，其正在测试一款软件，当捷豹路虎汽车的车主向导航供应商或地方当局贡献如交通拥堵或路面坑洞等有用数据时，会向司机奖励虚拟货币，可用于支付通行、充电和停车等费用，此举的目的之一便是实现零事故。

可见，在智能交通领域，已经有商家在尝试新的想法。这一场景很可能会在不久的将来在工业生产领域实现。

在新的业务逻辑下，"安全员"仍然存在，但不必充当悲情英雄角色，而是全面转变工作职责，成为行业知识平台运行规则的维护者。

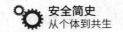
在这样的共生时代，"敬畏""信任""尊重""关怀""持续改进"仍然是关键词，它们让成本最低化、效益最大化、运营持续化。

在网约车业已遍地的今天，我们没有理由拒绝相信上述时代的到来。资金雄厚又认知超前的头部大型企业无疑会成为最先受益的一方，但这也不意味着中小企业就完全丧失了发展的机会。

原工业和信息化部副部长杨学山在 2020 年 3 月的"智造加力，免疫强企"公益论坛中提到："信息技术、数字技术、智能技术、网络技术，这样一批新一代信息技术已经深刻地影响着企业的竞争力，影响着制造企业的竞争力，也对中小制造企业的竞争力产生了重大的影响。过去多年，在数字技术、信息技术发展的基础之上，数字红利已经对制造业形成了强大的冲击。一些制造企业利用网络、数字、人工智能、基于互联网的平台之后，加快了研发速度，加快了自动化、智能化的进程，改善了对客户的服务，也更有针对性地开发出新的产品。"

相信放弃云计算使数据不安全的误解与执念，中小企业在行业知识世界公共云的帮助下，可能会获得比头部大型企业更大的优势与发展速度。所以在共生时代的初级阶段，到底是愿意花大价钱构筑"私有云"的头部企业先胜出，还是理解"公共云"，参与行业知识世界的中小企业先胜出，尚未可知。不过，最终能够生存下来的企业，必然是深度参与行业知识世界，并与之共舞的企业。

新的时代已经到来，新的起点将产生新的变化。

在新的时代即将来到之际，有许多问题需要进一步深入思考：

（1）行业知识平台下的卓越安全文化应具备哪些基本特征？

（2）共生时代背景下安全生产管理工程伦理问题是什么？

（3）数据工程对业务流程的影响有哪些？该如何应对？

（4）共生时代的企业组织如何存在？管理制度如何建设？

（5）企业的产业协同关系如何重构？

（6）知识共生生态如何建立？

（7）人力资源管理会有哪些新的特征？该如何应对？

（8）现在的安全员该如何迎接新时代？

（9）现在作业人员又该如何迎接新时代？

……

这些问题都不是纯技术问题，但又都是技术带来的新问题。

在知识进化的强大自驱力之下，共生时代的大幕已经拉开。这些新问题会随之汹涌而至，落伍的企业和个人将惨遭抛弃，而做好了准备的组织与先知会迎来新生。

等闲若得东风顾，不负春光不负卿。在智能技术的帮助下，英雄不负，不负英雄！

参考文献

[1]　Mnih V, Kavukcuoglu K, Silver D, et al. Human-level control through deep reinforcement learning[J]. Nature, 2015,(518):529–533.

[2]　Silver D, Schrittwieser J, Simonyan K,et al. Mastering the game of Go without human knowledge[J]. Nature, 2017,(550):354–359.

[3]　Imperial College COVID-19 Response Team. Impact of non-pharmaceutical interventions (NPIs) to reduce COVID-19 mortality and healthcare demand[R]. 2020-3-16.

[4]　尤瓦尔·赫拉利. 人类简史: 从动物到上帝 [M]. 林俊宏，译. 北京: 中信出版社，2014.

[5]　尤瓦尔·赫拉利. 未来简史: 从智人到智神 [M]. 林俊宏，译. 北京: 中信出版集团，2017.

[6]　韩水法. 人工共生时代的人文主义 [J]. 中国社会科学，2019(06): 25-44.

[7]　丹尼尔·利伯曼. 人体的故事 [M]. 蔡晓峰，译. 杭州: 浙江人民出版社，2017.

[8]　坦普尔·葛兰汀，凯瑟琳·约翰逊. 我们为什么不说话: 动物的行为、情感、思维与非凡才能 [M]. 马百亮，译. 南昌: 江西人民出版社，2018.

[9]　姜树华，沈永红. 人类脑容量的演变及其影响因素 [J]. 生物学通报，2016, 51(01):10-14.

[10] 刘晓 . 19 世纪后期英国煤矿矿难与应对 [J]. 经济社会史评论，2016(02)：70-78.

[11] 亚瑟·麦基弗，郝静萍 . 导言：历史和比较视阈下的煤炭开采、健康、伤残和身体 [J]. 医疗社会史研究，2019, 4(01): 3-12.

[12] 朱林 . 英国煤矿风险管理 [J]. 劳动保护，2019(02)：56-59.

[13] 朱义长 . 中国安全生产史：1949—2015[M]. 北京：煤炭工业出版社，2017.

[14] 郝刘祥 . 不确定性原理的诠释问题 [J]. 自然辩证法通讯，2019, 41(12)：24-33.

[15] 熠杰 . 英国的群体免疫计划，你真的看懂了吗？ [R]. 知乎，2020.

[16] 《总体国家安全观干部读本》编委会 . 总体国家安全观干部读本 [M]. 北京：人民出版社，2016.

[17] 特里·E. 麦克斯温 . The values-based safety process: improving your safety culture with behavior-based safety（安全生产管理：流程与实施）（修订本）[M]. 2 版 . 北京：电子工业出版社，2011.

[18] 达琳·M. 范·提姆，詹姆斯·L. 莫斯利，琼·C. 迪辛格 . 绩效改进基础：人员，流程和组织的优化 [M]. 3 版 . 易虹，姚苏阳，译 . 北京：中信出版社，2013.

[19] 瑞·达利欧 . 原则 [M]. 刘波，綦相，译 . 北京：中信出版社，2018.

[20] 三藏（汤凯）. 重新定义安全：教你告别生命里那些糟糕事 [M]. 北京：中国财政经济出版社，2016.

[21] 列纳德·蒙洛迪诺 . 弹性：在极速变化的世界中灵活思考 [M]. 张媚，张玥，译 . 北京：中信出版集团，2019.

[22] 邓晓芒 . 哲学起步 [M]. 北京：商务印书馆，2017.

[23] 曾鸣 . 智能商业 [M]. 北京：中信出版集团，2018.

[24] 刘光祥，崔永梅 . 计算工具发展史 [J]. 延安大学学报（自然科学版），2006, 04: 26-29.

[25] 约翰·惠特默 . 高绩效教练 [M]. 林菲，徐中，译 . 北京：机械工业出版社，

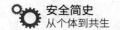
2012.

[26] 王坚 . 在线：数据改变商业本质，计算重塑经济未来 [M]. 北京：中信出版集团，2018.

[27] 斯坦利·麦克里斯特尔，坦吐姆·科林斯，戴维·西尔弗曼，克里斯·富赛尔 . 赋能：打造应对不确定性的敏捷团队 [M]. 林爽喆，译 . 北京：中信出版集团，2017.

[28] 丹尼尔·卡尼曼 . 思考，快与慢 [M]. 胡晓姣，李爱民，何梦莹，译 . 北京：中信出版社，2018.

[29] 丹 · 艾瑞里 . 怪诞行为学：可预测的非理性 [M]. 赵德亮，夏蓓洁，译 . 北京：中信出版社，2010.

[30] THOMAS R KRAUSE，KRISTEN J BELL. Seven Insights into Safety Leadership[M]. The Safety Leadership Institute，2015.

[31] 李正风，丛杭青，王前 . 工程伦理 [M]. 北京：清华大学出版社，2016.

[32] 彼得 · 圣吉 . 第五项修炼：学习型组织的艺术与实践 [M]. 北京：中信出版社，2009.

[33] 科里 · 帕特森，约瑟夫 · 格雷尼，罗恩 · 麦克米兰，艾尔 · 史威茨勒 . 关键对话：如何高效能沟通 [M]. 毕崇毅，译 . 北京：机械工业出版社，2018.

[34] 乔善勋 . 空难启示录：谁是航空安全的金钥匙 [M]. 北京：中国民航出版社，2018.

[35] 阿图 · 葛文德 . 清单革命：如何持续、正确、安全地把事情做好 [M]. 王佳艺，译 . 北京：北京联合出版公司，2017.

[36] 保罗 · 史托兹 . 逆商：我们该如何应对坏事件 [M]. 石盼盼，译 . 北京：中国人民大学出版社，2019.

[37] 汉斯 · 罗斯林，欧拉 · 罗斯林，安娜 · 罗斯林 · 罗朗德 . 事实：用数据思考避免情绪化决策 [M]. 张征，译 . 上海：文汇出版社，2019.

[38] 马克 · 舍恩，克里斯汀 · 洛贝格 . 你的生存本能正在杀死你：为什么你

容易焦虑、不安、恐慌和被激怒？ [M]. 蒋宗强，译．北京：中信出版社，
2014.

[39]　马修·萨伊德．黑匣子思维：我们如何更理性地犯错 [M]. 孙鹏，译．南昌：
江西人民出版社，2017.

[40]　刘志勇．核电厂人因管理基础 [M]. 北京：原子能出版社，2010.

[41]　马切伊·克兰兹．物联网时代：新商业世界的行动解决方案 [M]. 周海云，
译．北京：中信出版集团，2018.

[42]　岳昆．数据工程：处理，分析与服务 [M]. 北京：清华大学出版社，2013.

[43]　赵眸光，赵勇．大数据：数据管理与数据工程 [M].北京：清华大学出版社，
2017.

[44]　雷·库兹韦尔．人工智能的未来：揭示人类思维的奥秘 [M]. 盛杨燕，译．
杭州：浙江人民出版社，2016.

[45]　项立刚．5G 时代：什么是 5G，它将如何改变世界 [M]. 北京：中国人民
大学出版社，2019.

[46]　DAVID REINSEL, JOHN GANTZ, JOHN RYDNING. Data Age 2025: The
Digitization of the World from Edge to Core[R]. IDC White Paper, 2018.

[47]　李涓子，唐杰．2019 人工智能发展报告 [R]. 清华大学 - 中国工程院知识
智能联合研究中心，2019.

[48]　俞建托，李奇文．投资人力资本，拥抱人工智能：中国未来就业的挑战
与应对 [R]. 中国发展研究基金，红杉资本，2018.

[49]　微众银行 AI 项目组．联邦学习白皮书 V1.0[R]. 深圳：深圳前海微众银行
股份有限公司，2018.

[50]　YANG LIU，QIANG YANG，TIANJIAN CHEN，ZHUOSHIWEI.
Federated Learning and Transfer Learning for Privacy, Security and
Confidentiality[C]. AAAI 2019，微众银行，香港大学，2019.

[51]　王岳．工业大脑白皮书：人机边界重构——工业智能迈向规模化的引爆
点 [R]. 阿里云研究中心，2018.

[52]　申屠青春 . 区块链开发指南 [M]. 北京：机械工业出版社，2017.

[53]　陈人通 . 区块链开发从入门到精通：以太坊 + 超级账本 [M]. 北京：中国水利水电出版社，2019.

[54]　荆涛 . 区块链 108 问 [M]. 北京：民主与建设出版社，2019.

[55]　张浩 . 一本书读懂区块链：从未来看区块链世界 [M]. 北京：中国商业出版社，2018.

[56]　李亿豪 . 区块链 +：区块链重建新世界 [M]. 北京：中国商业出版社，2018.

[57]　谈毅 . 区块链 +：实体经济应用 [M]. 北京：中国商业出版社，2019.

[58]　鹏帅兴 . 区块链从入门到精通 [M]. 北京：中国青年出版社，2019.

[59]　王昊奋，漆桂林，陈华钧 . 知识图谱方法、实践与应用 [M]. 北京：中国工信出版集团，电子工业出版社，2019.

[60]　肖仰华 . 知识图谱概念与技术 [M]. 北京：中国工信出版集团，电子工业出版社，2020.

[61]　任仲文 . 区块链领导干部读本 [G]. 北京：人民日报出版社，2018.

[62]　余维仁 . 中国区块链产业发展报告 [R]. 陀螺研究院，2019.

[63]　周平，等 . 中国区块链技术和应用发展白皮书 [R]. 工业和信息化部信息化和软件服务业司，2016.

[64]　张小军，等 . 华为区块链白皮书 [R]. 华为技术有限公司，2018.

[65]　张伊聪，王帆 . 2018 年中国区块链行业分析报告 [R]. 鲸准研究院，2018.

[66]　张孝荣，等 . 腾讯区块链方案白皮书 [R]. 腾讯研究院，2017.

[67]　德国经济与能源部和财政 . Blockchain-Strategie der Bundesregierung（德国国家区块链战略）[R]. 2019.

[68]　达摩院 . 2020 十大科技趋势 [R]. 阿里巴巴，2019.

[69]　中国信息通信研究院 . 大数据白皮书（2019）[R]. 2019.

[70]　中国信息通信研究院 . 数字孪生城市研究报告 [R]. 2019.

[71] 徐赤 . 数字经济蓝皮书 [基础篇]（2019）[R]. 杭州数字经济联合会，杭州自动化技术研究院，2019.

[72] 汤凯 . 防人因失误方法在三门核电全数字化主控室的应用研究 [D]. 北京：清华大学，2013.

[73] 中核核电有限公司 . 核电厂重大事故警示录 [G]. 2011.

[74] World Association of Nuclear Operators (WANO). WANO performance objectives and criteria[S]. 2013.

[75] 吴高连 . 核保险共同体核电厂技术性风险评估导则 [S]. 中国核保险共同体执行机构，2010.

[76] 中核集团人因管理推进委员会 . 核电厂人因事件汇编 [G]. 2010.

[77] 中国核能电力股份有限公司 . 中国核电核安全文化评估访谈手册 [S]. 2015.

[78] 中国核能电力股份有限公司 . 中国核电核安全文化评估指南 [S]. 2015.

[79] 汤凯，罗小华，张松 . 三门核电模拟机培训问题对主控制室实践的影响 [J]. 核科学与工程第 34 卷增刊，2014.

[80] 道客巴巴 . WANO 知识 [EB/OL]. http://www. doc88.com/ p-90127343205. html.

[81] Institute of Nuclear Power Operation (INPO). Excellence in Human Performance[S]. INPO，1997.

[82] World Association of Nuclear Operators (WANO). WANO GL 2002-02 （人员绩效：追求卓越的原则）[S]. WANO，2002.

[83] Institute of Nuclear Power Operation (INPO). Human Performance Tools for Engineers[S]. Good Practice 05-002. INPO，2005.

[84] Institute of Nuclear Power Operation (INPO). Human Performance Tools for Workers[S]. Good Practice 06-002. INPO，2006.

[85] Institute of Nuclear Power Operation (INPO). Human Performance Tools for Managers and Supervisors[S]. Good Practice 07-002. INPO，

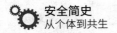
2007.

[86] Department of Energy of USA. Human Performance Improvement Concepts and Principles[S]. 2007.

[87] Westinghouse Electric Company. Nuclear Power Plants Human Performance Handbook[S]. 2008.

[88] Southern Nuclear Operating Company. US. SNC Human Performance Program, Rev 4[S]. 2008.

[89] Southern Nuclear Operating Company. US. Human Performance Interview Question Guide, Rev 1[S]. 2008.

[90] Southern Nuclear Operating Company. US. Human Performance Certification, Rev 2[S]. 2008.

[91] Southern Nuclear Operating Company. US. Plant Clock Reset Criteria, Rev 7[S]. 2010.

[92] Southern Nuclear Operating Company. US. Human Performance Tools - Department Clock Reset Criteria, Rev 4[S]. 2010.

[93] Southern Nuclear Operating Company. US. Human Performance Tools, Rev 10[S]. 2010.

[94] Southern Nuclear Operating Company. US. Human Performance Advisory Team, Rev 3[S]. 2009.

[95] Southern Nuclear Operating Company. US. Human Performance Observation Program, Rev 2[S]. 2009.

[96] Southern Nuclear Operating Company. US. Knowledge Worker Human Performance Tools, Rev 5[S]. 2010.

[97] Southern Nuclear Operating Company. US. Human Performance Review Board, Rev 1[S]. 2009.

[98] 黄辉章 . 大亚湾核电防人因失误探索历程与成功经验 [R]. 中国广东核电集团有限公司，2009.

[99] 邹正宇. 基于人员绩效理论的泰山第三核电站人员绩效管理与持续改进 [D]. 上海: 复旦大学管理学院, 2010.

[100] 南方航空. 关于对 CZ8355 航班推出后机组及时发现副翼钢索故障奖励 的通报（南航集团安委 [2019]96 号）[EB]. 南航集团安全委员会文件, 2019-11-22.

[101] 东青逍遥子. 以前叫牺牲, 现在是安全事故, 是英雄主义的退化还是人 本主义的提升 [EB/OL]. 灵鹫宫逍遥派, 2019-06-21.

[102] 过程安全: 领先和滞后指标 [R/OL]. 道客巴巴, 2014-11-04. https:// www.doc88.com/p-3397953887682.html.

[103] 百度百科: 新型冠状病毒肺炎 [EB/OL]. https://baike.baidu.com/item/ 新型冠状病毒肺炎.

[104] 最后一批 34 名患者康复出院 武汉方舱医院今天全部关闭 [N/OL]. 新浪 网, 2020-03-10. http://k.sina.com.cn/article_1842606855_m6dd3f307 03300mgm5.html.

[105] 全球疫情: 特朗普检测为阴性 西班牙全国 "封城" [N/OL]. 环球网, 2020-03-15. https://baijiahao.baidu.com/s?id=1661195518315031900 &wfr=spider&for=pc.

[106] 英媒: 英国 "群体免疫" 策略应对疫情引发担忧 [N/OL]. 新浪新闻中心, 2020-03-15. http://news.sina.com.cn/w/2020-03-15/doc-iimxyqwa 0553487.shtml.

[107] 10 万人请愿, 229 名科学家联名批评, 英国 "群体免疫" 是不是豪赌? [N/OL]. 中国青年网, 2020-03-15. https://baijiahao.baidu.com/s?id=16 61202481970236564&wfr=spider&for=pc.

[108] 全球股市 "熔断日"! 美股史上 3 次熔断, 我们一周见证两次! [N/OL]. 凤凰网财经, 2020-03-12. http://finance.ifeng.com/c/7un4putu46g.

[109] 超 10 国股市熔断, 既是 "避风险" 也是 "挤泡沫" [N/OL]. 新浪新闻中 心, 2020-03-13. http://news.sina.com.cn/w/2020-03-14/doc-iimxxstf

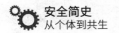

8747032.shtml.

[110] 英国抛"群体免疫"应对新冠疫情：是铤而走险的豪赌，还是"视死如归"的骗局 [N/OL]. 新浪新闻中心，2020-03-15. http://news.sina.com.cn/w/2020-03-15/doc-iimxyqwa0512097.shtml.

[111] 饶毅：英国首相的"群体免疫"谎言 [N/OL]. 腾讯网，2020-03-15. https://new.qq.com/omn/20200315/20200315A08Y0L00.html.

[112] 英国首相约翰逊最新演讲：大家做好失去亲人的准备吧……[N/OL]. 搜狐网，2020-03-15. https://www.sohu.com/a/380221436_469468.

[113] 英国投入 70 亿英镑挽救经济衰退，鲍里斯再也不提"群体免疫"鼓励在家办公 [N/OL]. 腾讯网，2020-03-18. https://new.qq.com/omn/20200318/20200318A07EMK00.html.

[114] 英国首相、卫生大臣确诊！豪言 12 周扭转疫情，底气何在？[N/OL]. 国际范 Plus，2020-03-27. https://mp.weixin.qq.com/s/5Da7pRFKEEk7Yv8ivhyzqA.

[115] 惯性反华，将西方推入这场大灾难 [N/OL]. 拾遗，2020-03-23. https://mp.weixin.qq.com/s/iuEMysKS7N0oRYluUo3gWA.

[116] AlphaGo 战胜了李世石和柯洁，如今败给了"自己"[N/OL]. 搜狐网，2017-10-23. https://www.sohu.com/a/199792158_170823.

[117] 【21 天完虐 Master】AlphaGo Zero 横空出世，DeepMind Nature 论文解密不使用人类知识掌握围棋 [N/OL]. 搜狐网，2017-10-19. https://www.sohu.com/a/198786119_473283.

[118] 中国共有超 23 万家在线教育相关企业 北京占比超 33%[N/OL]. 搜狐网，2020-02-05. https://tech.ifeng.com/c/7tos2zlWsca.

[119] 百度百科：阿里云 [EB/OL]. https://baike.baidu.com/item/ 阿里云 .

[120] 中国共有超 23 万家在线教育相关企业 北京占比超 33%[N/OL]. 凤凰网，2020-02-05. https://tech.ifeng.com/c/7tos2zlWsca.

[121] 三大运营商 4G 用户规模达 12.69 亿户，光纤接入（FTTH/O）用户

4.16 亿户 [N/OL]. 通信世界网，2019-11-19. http://www.cww.net.cn/article?id=461223.

[122] 岑大师 . 100:0！ Deepmind Nature 论文揭示最强 AlphaGo Zero，无需人类知识 [N/OL]. 雷锋网，2017-10-19. https://www.leiphone.com/news/201710/XBVZ4ZShgWaFWbmU.html.

[123] 顺丰：从 AI 到行业解决方案 全面改写物流行业样貌 [N/OL]. 中国服务贸易指南网，2019-01-30. http://tradeinservices.mofcom.gov.cn/article/lingyu/gjhdai/201901/77111.html.

[124] 今日头条奥运写稿机器人上岗：每天 30 余稿件 [N/OL]. 搜狐网，2016-08-12. https://www.sohu.com/a/110239322_115643.

[125] 为什么本科以上学历的人只占中国人口的 4%？但感觉遍地都是大学生？ [N/OL]. 腾讯网，2019-10-15. https://new.qq.com/omn/20191015/20191015A07ZE100.

[126] 国家统计局：2.88 亿农民工平均年龄 40.2 岁 [N/OL]. 经济日报，2019-05-07. https://baijiahao.baidu.com/s?id=1632838846323422441&wfr=spider&for=pc.

[127] 这份报告，英美两国为之轩然 [N/OL]. 网易号，2020-03-20. http://dy.163.com/v2/article/detail/F865AVIH05439UTU.html.

[128] 2018 年我国煤矿百万吨死亡率首次降至 0.1 以下 [N/OL]. 东方财富网，2019-01-22. https://baijiahao.baidu.com/s?id=1623332229741263469&wfr=spider&for=pc.

[129] 注册安全工程师历年报考人数及通过率 [N/OL]. 搜狐网，2018-10-31. https://www.sohu.com/a/272467253_745387.

[130] 安全监管总局："安全科学与工程"成功申报一级学科 [N/OL]. 中华人民共和国中央人民政府，2011-06-01. http://www.gov.cn/gzdt/2011-06/01/content_1874759.htm.

[131] 注册安全工程师前景 ?[N/OL]. 知乎，2019-05-06. https://www.zhihu.

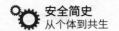
com/question/23454447.

[132] 数说注册安全工程师考试 [N/OL]. 知乎，2018-05-10. https://zhuanlan.zhihu.com/p/36673842.

[133] 注册安全工程师前景 [N/OL]. 知乎，2019-10-27. https://zhuanlan.zhihu.com/p/94034252.

[134] 数据告诉你：中国人的学历和收入有多低？[N/OL]. 知乎，2019-04-15. https://zhuanlan.zhihu.com/p/61038174.

[135] 注册安全工程师前景 [N/OL]. 知乎，2019-11-27. https://zhuanlan.zhihu.com/p/94034252.

[136] 阿里鲁班：当智能 AI 遇到设计师，将会发生什么？[N/OL]. 蓝卡网，2017-11-07. https://www.lanka.cn/luban_1410.html.

[137] 人民网，人民日报. 应急管理部:2018 年未出现安全生产特大事故 [N/OL]. 搜狐，2019-01-25. http://www.sohu.com/a/291338035_114731.

[138] 国家能源局. 国家能源局：2017 年全国发生电力人身伤亡事故 53 起死亡 62 人 [N/OL]. 北极星电力网，2018-02-02. http://m.bjx.com.cn/mnews/20180202/878517.shtml.

[139] 科技日报. 河南义马气化厂爆炸已致 15 人遇难，十天前刚获评"省级标杆企业"[N/OL]. 搜狐网，2019-07-21. http://www.sohu.com/a/328294694_612623.

[140] 习近平关于安全生产重要论述的六大要点和十句"硬话"[EB/OL]. 人民网，2015-08-21. http://energy.people.com.cn/n/2015/0821/c71661-27498617.html.

[141] 习近平：人命关天. 发展决不能以牺牲生命为代价 [EB/OL]. 中国新闻网，2013-06-07. http://www.chinanews.com/gn/2013/06-07/4908986.shtml.

[142] 那些在 1999 年创立的互联网公司. 还留下哪些？[EB/OL]. 搜狐，2019-05-05. http://www.sohu.com/a/311886341_120118744.

[143] 百度百科：双十一购物狂欢节 [EB/OL]. https://baike.baidu.com/item/

双十一购物狂欢节 /6811698?fr=aladdin.

[144] 百度百科: OSHA[EB/OL]. https://baike.baidu.com/item/OSHA.

[145] 被互联网改变的中国 [EB/OL]. http://news.163.com/special/00012Q9L/internet2010.html.

[146] 百度百科: 哈特尔普尔核电站 [EB/OL]. https://baike.baidu.com/item/哈特尔普尔核电站 /6999605?fr=aladdin.

[147] 阳安 . 互联网从 2009 到 2019, 十年间出现了哪些变化 [N/OL]. 晏明清悦, 2019-7-18. https://mp.weixin.qq.com/s/lidhaFo353O4DQ12Q13BPg.

[148] 沈帅波 . 激荡 10 年从 2009 到 2019 这十年到底发生了什么 [N/OL]. 进击波财经, 2019-10-06. https://mp.weixin.qq.com/s/W4gnMapevfGfHK-pVEiATw.

[149] 今年上半年全国查处酒驾醉驾 90.1 万起 酒驾醉驾肇事导致的交通事故死亡人数同比减少 [EB/OL]. 人民公安报交通安全周刊, 2019-07-30. http://www.sohu.com/a/330366438_706540.

[150] 三门核电 . 三门核电一号机组进入首次大修 [EB/OL]. 三门核电微信公众号, 2019-12-10. https://mp.weixin.qq.com/s/SHVV5wbvHk_VttnqMScl-g.

[151] 1999 年的王健林、马云、马化腾、刘强东在干什么 [EB/OL]. 搜狐, 2017-1-8. http://www.sohu.com/a/123728632_114406.

[152] 2018 年 : 中国智能手机用户数量将达 13 亿人次 [EB/OL]. 天极网手机频道, 2017-10-18. http://mobile.yesky.com/92/383558092.shtml.

[153] 2019 年一季度微信用户数量达 11 亿 2019 年即时通信用户规模分析 [EB/OL]. 腾讯财报, 2019-05-16. https://new.qq.com/omn/20190516/20190516A0AY8B.html?pc.

[154] 百度百科: 王者荣耀 [EB/OL]. https://baike.baidu.com/item/ 王者荣耀 /18752941?fr=aladdin.

[155] 百度百科: 抖音 [EB/OL]. https://baike.baidu.com/item/ 抖音 /20784697?fr=aladdin.

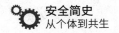

[156] 最佳中文网络寻呼机——OICQ[EB/OL]. Stephen.《上海微型计算机》2000 年第 12 期.

[157] 百度百科: Skype [EB/OL]. https://baike.baidu.com/item/skype/202823?fr = aladdin. 百度.

[158] 百度百科: 高德地图 [EB/OL]. https://baike.baidu.com/item/ 高德地图 / 2726788?fr=aladdin#3. 百度.

[159] 百度百科: 幸存者偏差 [EB/OL]. https://baike.baidu.com/item/ 幸存者偏差 /10313799?fr=aladdin. 百度.

[160] 新华网. 简述交通信号灯发展史，漫长的演化历程 [EB/OL]. 腾讯新闻, 2013-01-08. https://auto.qq.com/a/20130108/000150.htm.

[161] 习近平在中央政治局第十九次集体学习时强调: 充分发挥我国应急管理体系特色和优势. 积极推进我国应急管理体系和能力现代化 [EB/OL]. 人民日报, 2019-12-01. http://paper.people.com.cn/rmrb/html/2019-12/01/nw.D110000renmrb_20191201_2-01.htm.

[162] 习近平: 充分发挥我国应急管理体系特色和优势. 积极推进我国应急管理体系和能力现代化 [EB/OL]. 人民网, 2019-12-01. http://cpc.people.com.cn/n1/2019/1201/c64094-31483384.html.

[163] 中国发布丨应急管理部: 生产安全事故起数和死亡人数连续 16 年"双降" [EB/OL]. 新浪新闻中心, 2019-09-18. http://news.sina.com.cn/o/2019-09-18/doc-iicezueu6608953.shtml.

[164] 全总: 我国职工总数达 3.91 亿人 [EB/OL]. 北京晨报, 2018-01-18. https://baijiahao.baidu.com/s?id=1589894087260135744&wfr=spider&for=pc

[165] 中商产业研究院. 2018 年我国农民工总量达 2. 88 亿人 比上年增加 184 万人 [EB/OL]. 国家统计局, 2019-05-06. http://www. askci.com/news/chanye/20190506/1513071145801.shtml.

[166] 山东: 四部门联合出台意见 强化企业安全生产主体责任落实 [EB/OL]. 人民网, 2019-12-12. http://sd. people.com.cn/n2/2019/1212/c166192-

33626492. html.

[167] 江苏煤矿安全监察局. 省应急厅关于印发江苏省化工企业安全生产信息化管理平台建设基本要求（试行）的通知 [EB/OL]. 江苏省应急管理厅, 2019-08-13. http://ajj.jiangsu.gov.cn/art/2019/08/13/art_3709_8671387. html.

[168] 欧依安盾. 安全智能化项目顺利启动 [EB/OL]. 欧依安盾微信公众号, 2019-12-12. https://mp.weixin.qq.com/s/HQEsZMJlY5Ff35sEEmHcsg.

[169] 阿里巴巴王坚: 城市大脑. 城市的智能 [EB/OL]. 环球网, 2019-05-17. https://baijiahao.baidu.com/s?id=1633785077489470098&wfr=spider&for=pc.

[170] 阿里巴巴王坚: 城市大脑是未来城市发展的基础设施 [EB/OL]. 亿欧网, 2018-6-14. http://baijiahao.baidu.com/s?id=1603239123065002978&wfr=spider&for=pc.

[171] 阿里王坚: 城市大脑是新的城市基础设施 [EB/OL]. 搜狐网, 2018-06-15. http://www. sohu.com/a/236022086_100002652.

[172] 王岳，李双宏. 阿里云研究中心工业大脑白皮书: 制造业如何实现智能化升级 [R/OL]. 卓越运营之道, 2018-09-21. https://mp.weixin.qq.com/s/Pj3RBv9bE6pQyR381_o3pQ.

[173] 陈莉. 新零售圈地大战: 阿里、京东和苏宁"三国杀"，国美"掉队"[EB/OL]. 李俊慧百家号, 2019-06-29. https://baijiahao.baidu.com/s?id=1637681567520416572&wfr=spider&for=pc.

[174] 汪滔创办的大疆，7 年时间做到世界第一，估值达到 240 亿美元 [EB/OL]. 东南财富, 2019-07-06. https://baijiahao.baidu.com/s?id=1638121799552692335&wfr=spider&for=pc.

[175] 离开百度，微软的大牛都去哪了？全面解读世界 AI 巨头人才流向图 [EB/OL]. 大数据 / 学术头条, 2019-11-26. https://mp.weixin.qq.com/s/gh12-Z6XUr3dcNyCQcCXbxg.

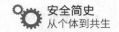

[176] 【实录】2 月 27 日、28 日 . 虎嗅经历了这么一场服务器反击战 [EB/OL].
虎嗅网，2013-3-1. https://www. huxiu.com/article/10795. html.

[177] "开放银行"成未来趋势 . 腾讯云与微众银行共建金融科技实验室
[EB/OL]. 新浪财经，2019-03-31. https://finance.sina.cn/2019-03-
31/detail-ihtxyzsm1978130.d.html?clicktime=1577966737&enter
id=1577966737.

[178] 百度百科 . 网商银行 [EB/OL]. https://baike.baidu.com/item/ 网商银行 /
8673037?fr=aladdin.

[179] 银行全线"上云"？面对云计算，传统金融业又将何去何从？ [EB/OL] .
搜狐，2018-05-03. http://www. sohu.com/a/230276675_100111840.

[180] 木木的猫呢 . 为什么说选用云主机更安全？ [EB/OL]. 豆瓣，2019-09-09.
https://www. douban.com/note/733613691/.

[181] 百度百科 . 微众银行 [EB/OL]. https://baike.baidu.com/item/ 微众银行 /
16362151?fr=aladdin.

[182] 【案例】阿里云 × 南京银行 . 云技术让金融业焕发新活力 [EB/OL]. 金领云，
2019-03-25. https://mp.weixin.qq.com/s/xiZkaEJR421AvSq4LY62NQ.

[183] 阿里云亮剑新金融 [EB/OL]. 看懂经济，2019-12-26. https://mp.weixin.
qq.com/s/197xEzpjvdDLA5u62yoczg.

[184] 百度百科 . 工作量证明 [EB/OL]. https://baike.baidu.com/item/ 工作量
证明 /22448498?fr=aladdin.

[185] 百度百科 . 通用数据保护条例 [EB/OL]. https://baike.baidu.com/item/
通用数据保护条例 /22616576?fr=aladdin.

[186] 百度百科 . 中华人民共和国网络安全法 [EB/OL]. https://baike.baidu.
com/item/ 中华人民共和国网络安全法 /16843044?fr=aladdin.

[187] 新浪财经综合 . 捷豹路虎测试智能钱包 车主分享数据赚代币 [N/OL]. 新
浪网，2019-04-29. http://finance.sina.com.cn/blockchain/roll/2019-
04-29/doc-ihvhiewr8925616.shtml.

[188] 电子商务数据资产评价指标体系（GB/T 37550—2019）[S]. 国家市场监督管理总局，中国国家标准化管理委员会，2019-06-04.

[189] 中央 20 天 4 次部署新基建：两提 5G 未来 5 年或投 1.2 万亿 [N/OL]. 中国网财经，2020-03-05. https://baijiahao.baidu.com/s?id=1660289492575684530&wfr=spider&for=pc.

[190] 阿里巴巴 (09988) 路演纪要：核心电商业务稳步复苏，钉钉盒马表现突出 [N/OL]. 智通财经，2020-03-03. https://www.zhitongcaijing.com/content/detail/278742.html.

[191] 沈帅波 . 疫情之下，中国的强大才刚刚浮出水面 [N/OL]. 进击波财经，2020-03-03. https://mp.weixin.qq.com/s/2fLJGC1LkqNFFTRMfuIVIw.

[192] 境外肺炎确诊人数暴增，美国口罩售罄、日本疯抢卫生纸、意大利超市货架被抢空……[N/OL]. 搜狐新闻，2020-03-03. https://www.sohu.com/a/377343119_774523.

[193] 欧美国家疫情呈爆发趋势 美国有超市被抢空 [N/OL]. 看看新闻 Knews，2020-03-03. https://baijiahao.baidu.com/s?id=1660122437967865113&wfr=spider&for=pc.

[194] 美国疫情升级致民众恐慌抢购，超市被扫空，有人 1 晚抢了 1 年食物 [N/OL]. 腾讯网，2020-03-03. https://new.qq.com/omn/20200301/20200301A07T4L00.html.

[195] 再次刷新世界纪录！阿里达摩院在自然语言理解顶级赛事中夺冠 [N/OL]. 环球网，2020-03-03. https://baijiahao.baidu.com/s?id=1660110494309427141&wfr=spider&for=pc.

[196] 4 天 3 夜！骑行 300 多公里，95 后女医生赶回武汉上班，网友感动 [N/OL]. 搜狗新闻，2020-02-13. http://sa.sogou.com/sgsearch/ sgs_tc_news.php?req=ngoqJLI2aobggl9EbsN53S1F_SS8q0eEqVhHm27j bWs=.

[197] 武汉中心医院多名医生去世，亲历者讲述医护人员被感染始末 [N/OL]. 大河报网，2020-03-04. https://www.dahebao.cn/news/1505464?cid=

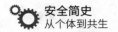
1505464.

[198] 张锐杰. "这个夜班我来顶吧！"说出这句话的他，妻子将赴援鄂最前线 [N/OL]. 劳动观察，2020-02-26. http://www.51ldb.com//shsldb/zg/content/00930df0dc63c001de146c92bf95ed90.htm?from=singlemessage&isappinstalled=0.

[199] 武汉 80 后快递小哥：我没有任何资源 但一呼百应 [N/OL]. 大江网，2020-02-16. http://news.jxnews.com.cn/system/2020/02/16/018763311.shtml.

[200] 日本网友绝望求救：政府不检测，我们在等死！日本正沦为下一个武汉 [N/OL]. 搜狐网，2020-02-25. https://www.sohu.com/a/375647342_236505.

[201] 疫情关键时刻：韩国民众举行大型集会，市长劝市民解散反被围攻 [N/OL]. 北方国际，2020-02-23. https://baijiahao.baidu.com/s?id=1659304685549223013&wfr=spider&for=pc.

[202] 美国副总统彭斯：取消检测限制，任何美国人都可检测 [N/OL]. 澎湃新闻，2020-03-04. https://baijiahao.baidu.com/s?id=16602032875162 26895&wfr=spider&for=pc.

[203] 抗疫关键时刻 这群香港医护却用罢工来展示丑态 [N/OL]. 新浪新闻，2020-02-04. https://news.sina.cn/gn/2020-02-04/detail-iimxxste8728391.d.html?vt=4.

[204] 白宫禁政府医卫专家公开谈论疫情，除非经副总统彭斯批准 [N/OL]. 网易新闻，2020-02-28. http://3g.163.com/war/article_cambrian/F6FIMOME05129QAF.html.

[205] 3019 人感染，用生命拯救 14 亿人！致敬每一位最美"逆行者"！[N/OL]. 搜狐网，2020-02-20. https://www.sohu.com/a/374443112_672020.

[206] 外媒：中国是希望，那些针对疫情找茬的人最好记住这一点 [N/OL]. 凤凰网，2020-02-26. http://news.ifeng.com/c/7uN6qXxYxq1.

[207] 疫情之下，中国的强大才刚刚浮出水面 [N/OL]. 进击波财经，2020-03-

03. https://mp.weixin.qq.com/s/2fLJGC1LkqNFFTRMfuIVIw.

[208] 阿里巴巴 (09988) 路演纪要：核心电商业务稳步复苏，钉钉盒马表现突出 [N/OL]. 手机凤凰网，2020-03-03. http://finance.ifeng.com/c/7uXfa5U1biH.

[209] DGX-2AI 超算可用于寻找抗药物，筛选效率从 2 个月提升至 2 天 [N/OL]. 搜狐网，2020-03-02. https://www.sohu.com/a/377110257_120176730.

[210] 世卫专家：中国太出色给了其他国家"虚假安全感" [N/OL]. 新浪新闻，2020-02-26. http://news.sina.com.cn/o/2020-02-26/doc-iimxxstf4524522.shtml.

[211] 疫情大暴发，难民来袭，超市被抢购一空，企业停工面临破产，病毒面前，才真正体会到什么是人类命运共同体！ [N/OL]. 外滩人文财经，2020-03-04. https://mp.weixin.qq.com/s/l-CiTYmbdhVHZSHeQgBtog.

[212] 全球医用口罩购买需求增长 13769%，全世界都在等着中国制造 [N/OL]. 中国经济网，2020-03-03. https://baijiahao.baidu.com/s?id=1660109811108784747&wfr=spider&for=pc.

[213] 卫星喊你来复工——太空视角下的中国经济战"疫" [N/OL]. 揽月智能资管，2020-03-02. https://mp.weixin.qq.com/s/JM_gr-e7_PIGg6uDAIbp7A.

[214] 中方将向国际社会提供疫情防控技术支持 [N/OL]. 中国网直播国新办发布会，2020-03-05. http://www.chinatoday.com.cn/zw2018/ss/202003/t20200305_800195724.html.

[215] 杨强 . AI 与数据隐私保护：联邦学习的破解之道 [J]. 信息安全研究，2009, 5(11): 961-963.

[216] 潘碧莹，丘海华，张家伦 . 不同数据分布的联邦机器学习技术研究 [J]. 移动通信，2019(8): 266-270.

[217] 陈晓玲，罗恺韵 . 基于区块链的学生档案管理系统架构 . 基金项目：湖南省教育厅科学研究项目（18C0733）. 电子技术与软件工程，2018:170-171.

[218] 尚蕾 . 基于区块链技术的电子数据取证研究综述 [J]. 办公自动化杂志 .

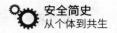
2019(399):33-34.

[219] 程叶霞，付俊，彭晋，杜跃进 . 区块链安全分析及针对强制挖矿的安全
防护建议 [J]. 信息通信技术与政策，2019(2): 46.

[220] 许亚倩 . 区块链保障工业知识自由交易 [N]. 赛迪智库信息化与软件产业
研究所 . 通信产业报，2019, 12(017): 1-2.

[221] 丹尼尔·库波尔，托马斯·克鲁格，尼尔·谢泼德，等 . 区块链与未来
工厂 [R]. 上海质量：质量译丛，2019(11): 36-41.

[222] 付梦琳，吴礼发，洪征，冯文博 . 智能合约安全漏洞挖掘技术研究 [J].
计算机应用，2019, 39(7): 1959-1966.

[223] 罗远哲，王玲洁，李冠蕊，李雪茹 . 大数据时代的云安全问题研究 [J].
智能城市：热点聚焦，2019(5): 20-21.

[224] 于剡，赵慧奇，王绍密 . 云计算安全防护方案探究 [J]. 信息与电脑：信
息安全与管理，2019(17): 209-210.

[225] 韩丹萍 . 云计算技术现状与发展趋势分析 [J]. 无线互联科技，2019(21):8.

[226] 杨杰 . 云计算中存储数据安全性研究 [J]. 重庆邮电大学学报（自然科学
版），2019, 31(5): 710-715.

[227] 石斌 . "人的安全" 与国家安全——国际政治视角的伦理论辩与政策选择
[J]. 世界经济与政治，2014, 2.

[228] 孟祥玲 . 论国际新安全观 [D]. 长春：东北师范大学，2005.

[229] 彭芬兰 . 从西方 "人的安全" 观引发的思考 [J]. 社会科学论坛，2006,
6:48-51.

[230] 李泓霖，毛欣娟 . 西方国家安全理论嬗变及启示 [J]. 中国人民公安大学
学报（社会科学版），2016, 5(183): 89-95.

[231] 罗维 . 云存储数据安全与共享方案研究 [D]. 西安：西安电子科技大学，
2019.

[232] 徐辉 . 基于混沌的视频数据安全技术研究 [D]. 哈尔滨：哈尔滨工业大学，
2019.

[233] 乔万冠. 大数据背景下煤矿安全生产管理效率分析及提升仿真研究 [D]. 徐州：中国矿业大学，2019.

[234] 王普. 大数据分析驱动的高速铁路应急管理关键技术研究 [D]. 北京：中国铁道科学研究院，2019.

[235] 喻麒睿. 高铁共享汽车数据流通机制及关键技术研究 [D]. 北京：中国铁道科学研究院，2019.

[236] 周桐. 基于区块链技术的可信数据通证化方法的研究与应用 [D]. 合肥：中国科学技术大学，2019.

[237] 曹明生. 可穿戴计算安全关键问题研究 [D]. 成都：电子科技大学，2019.

[238] 肖堃. 嵌入式系统安全可信运行环境研究 [D]. 成都：电子科技大学，2019.

[239] 白小龙. 移动平台上用户隐私数据安全性研究 [D]. 北京：清华大学，2017.

[240] 肖达. 存储系统中的数据安全方法与技术研究 [D]. 北京：清华大学，2008.

[241] 薛海伟. 云存储环境下数据安全模型研究 [D]. 北京：清华大学，2013.

[242] 安全生产法律制度 - 历史演变 [G/OL]. 百度文库，2020-01-09. https://wenku.baidu.com/view/ec2b4b6acf2f0066f5335a8102d276a20029608a.html.

[243] 张文杰. 论安全生产的法治化 [D]. 武汉：武汉大学，2013.

[244] 陈永乐. 论我国煤矿安全生产法律保障制度的完善 [D]. 长沙：湖南大学，2012.

[245] 张杰. 安全生产法律制度实效评价研究 [D]. 长沙：湖南大学，2011.

[246] 迈克尔·布拉斯兰德·戴维·施皮格哈尔特. 一念之差：关于风险的故事与数字 [M]. 北京：生活·读书·新知三联书店，2017.

[247] 邓美德. 我国近十年来学校安全教育研究综述 [J]. 基础教育研究，2012.

[248] 孙安弟. 对注册安全工程师制度建设的建议 [J]. 劳动保护，2018 (07): 51-53.

[249] 李开复，王咏刚. 人工智能 [M]. 北京：文化发展出版社，2017.

后记　算力的进化

　　在知识进化之外，还有一个能力也在不断地进化，这种能力，我称之为"算力"，即计算、推算、盘算、测算、筹算的能力，或者说是提出问题、解决问题的能力。

　　算力本是一个计算机科学领域的专业术语，所以计算机硬件在软件程序的帮助下是拥有算力的。计算机的算力由硬件和软件共同决定。硬件配置越高、软件算法越优，算力就越高，就能越快得出正确结果。

　　而硬件与算法都是基于知识的进化不断优化的，所以算力进化的基础是知识进化。

　　人脑也有算力。人脑的算力是由智商和认知、知识和经验等多因素共同决定的，智商和认知水平越高、知识和经验越丰富，算力就越高，就越容易得出正确结论或进行正确决策。

　　人类的智商从古到今没有发生过剧烈波动，但提出问题与解决问题的能力一直在进步，原因也是基于知识的进化。

　　除了计算机和人脑，故事、工具、规则等也拥有算力。人们在编造故事、制造工具、制定规则时，将知识赋能其中，它们就拥有了一定的算力。人们之所以更加喜欢使用工具，而不是知识本身，原因就是工具拥有的算力帮助人类减少了算力消耗。虽然使用工具的本质还是在使用工具携带的知识，但工具拥有的算力的确降低了人们使用这些知识的客观要求。

智人虚构故事，故事就拥有了算力，智人群体就可以通过相信这个故事来进行协同，这就是故事本身产生的算力协同。所以，《人类简史》作者尤瓦尔·赫拉利认为是"虚构故事的能力"帮助智人第一次在地球上实现了有意识的大规模协同合作。

算力一旦开始协同，就开启了快速进化之路；算力的进化也是从协同开始的。

通过协同，组织或个体提升了其可使用的总算力。

那么，组织的算力如何计算呢？

一个朋友以前持有一个观点：给孩子一个快乐的童年，坚决不报课外补习班。

但是，这个想法没能维持太久。孩子学校的编程创客班选拔，要求入选者奥数成绩拔尖。这就把我朋友难住了。当时，孩子从未上过课外奥数班，在学校里数学成绩也并不拔尖，而孩子却偏偏喜爱这个编程课。

我朋友万般无奈，只好把孩子送去课外奥数补习班。虽然是插班进去的，但奥数成绩很快就拔尖，连同他在学校里的数学成绩也突飞猛进，每次考试都稳稳地拿满分。

这个消息让我很惊讶，上不上奥数班，区别竟如此之大！

我这一辈的中国人，小时候大致是在 20 世纪的 80 年代与 90 年代，那时并没有现在这么多的课外补习班，父母对我们的态度基本是"放养"（"放羊"的谐音），学习完全靠自己。要不要考大学？能不能考上大学？考哪个级别的大学？那时候好像并没有太多这方面的长远考虑，父母也不会对我们的学习进行辅导。总的来说，那个时代的孩子教育，只比拼学习成绩，而学习成绩的比拼完全是孩子自己个体算力的比拼。

注意，这是一个很重要的时代特征：20 世纪的孩子教育比拼的是孩子个人的算力，几乎与家庭无关，更与社会无关。孩子按部就班参加九年义务教育，最后能考上就上，能考上哪儿是哪儿。

现在这个时代呢？中产的大规模崛起，以及中产家庭对孩子教育的普遍

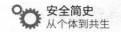
重视，使中国的教育市场花样觉醒，产生了无数的培训机构和教育产品。互联网科技的迅猛发展，使优质的教育资源更容易获得市场认可，导致教育资源出现了价格差异。上哪些培训班？上哪些培训机构的培训班？都需要家庭从价格上进行掂量。孩子教育不再是孩子一个人的事，它不但成为各个家庭的大事，还成了整个社会的热门行业，成了关乎"钱"的市场交易。

在市场上，算力高的老师，费用虽然高一些，但教学水平也高一些，孩子提升的算力也会高一些。所以，这场交易的背后，其实是算力的等价交换：老师出售算力，家长购买算力。算力越高，费用就越高。可见，算力与费用相关，费用体现算力。

企业的算力如何计算呢？先回到算力的定义。

算力是集算法与算速于一体的综合能力，可以用等式表述为

$$C = A \times S \times \phi \times \tau \tag{1}$$

其中，C 是算力，A 是算法，S 是算速，ϕ 是转化系数，τ 是时间衰减函数。

算法 A 与算速 S 事实上是无法单独计算的。比如，人的大脑中既有算法，又有算速，却无法区分或获取二者的具体数值。一份操作规程，本身就是算法的组合，但它又被编写者和修订者赋予了算力，同样，我们无法区分或获取 A 与 S 的具体数值。依据孩子课外培训的案例模型，我们发现算力与费用 E 成正比，可以将 A 与 S 作为一个整体，以费用 E 来等效。E 是一个累计值。

转化系数 ϕ 是指将算法与算速转化为人们愿意掏钱购买的"能力"的系数，即将算法与算速转化为竞争力的系数。从外在来看，价格越高、销售越多，转化系数 ϕ 就越大；从内在来看，协同程度越高、在线程度越高，转化系数 ϕ 就越大。

时间衰减函数 τ 用来表征一种自然的状况：随着时间的推移，如果不对这个企业系统增加算法与算速费用 E 的投入，专家会流失，规程、软件得不到维护，其结果是算力不断衰减。这就如同热力学第二定律揭示的道理一样：孤立系统的一切自发过程均向着其微观状态更无序的方向发展，如果要使系统回复到原先的有序状态是不可能的，除非外界对它做功。

为此，我们得到

$$C = E \times \phi \times \tau \qquad (2)$$

其中，$E = A \times S$，即算法与算速的乘积是费用。

式（2）表明，企业的算力是其有效的算法与算速转化出来的竞争力。如果企业在算法与算速上不追加投入，如将相关人力资源全部裁退，企业的算力将随时间衰减。

企业的竞争力有多个维度，下面以企业研发竞争力为例，推导研发竞争力的计算公式。

作为算法与算速的综合表征，E 包括算法研发费用、硬件费用。如果用 L 表示算法研发费用支出，H 表示硬件费用支出，那么

$$E = L + H \times \sigma \qquad (3)$$

式中 σ 为硬件算力承载系数，由硬件的属性决定。如果硬件是计算机属性，如 GPU，则其 σ 较大；如果硬件是工艺设备属性，如空压机，则其 σ 相对小很多。

转化系数 ϕ 与企业的协同程度和在线程度相关，表达为

$$\phi = \omega \times \theta \qquad (4)$$

其中，ω 是协同程度系数，θ 是在线程度系数。组织的协同程度越高，数据的在线程度越高，承载了算力的费用支出就能转化为越高的效益，这就表明企业的算力越高。

将式（3）和式（4）代入式（2）中，得到

$$C = (L + H + \sigma) \times \omega \times \theta \times \tau \qquad (5)$$

从式（5）可知，企业的研发竞争力是在一定的组织协同与数据在线的情况下，算法研发费用支出与硬件算速支出之和所表现出来的算力。算力的单位与费用的单位相同，都是货币的单位。值得注意的是，在用公式进行计算时，费用 E 是在时间上累加的。

依照这个公式，简单地说，一家企业要提升其研发竞争力，可以从多个方面着手：提高专业人才密度，增加必要软件的支出，提高必要的计算硬件的

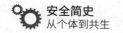
支出（不一定是采购硬件，性价比更高的做法是购买云计算服务），提高协同程度，提高在线程度。

2019 年 9 月开始，一张"世界 AI 巨头人才流向图"[①] 火遍整个科技圈。该图显示，阿里巴巴成为最大赢家，其不但聚拢了一批国外著名大学和研究院的顶级科学家，还将脸书、谷歌、微软、IBM、索尼、亚马逊等众多国外科技巨头的大将纳入麾下。由于研发算力代表了公司的长期竞争力，阿里巴巴必然在未来还有更大的发展空间。

高端专业人才之所以成为各大科技巨头争相抢夺的对象，就是因为他们可以直接增强企业竞争力——算力。

算力公式不仅仅适用于研发领域，在公司各个领域的竞争力计算中都是适用的，如品牌竞争力、销售竞争力等。

不仅如此，该公式对于全然不同的物种或事物，也可以进行竞争力（算力）比较，比如，人与"律"（nature law，即宇宙运行的自然律，包括已经被正确描述的所谓"规律"和尚未被发现的"律"）。律无时无刻无处不在地起作用，因此它是完全协同、完全在线的，其协同程度系数 ω 与在线程度系数 θ 都为 1，那么律的转换系数 ϕ_{nl} 就也是 1。

$$\phi_{nl} = \omega\theta = 1 \tag{6}$$

律本身就是算法。正所谓"一花一世界，一叶一菩提"，科学发展到今天，我们也仅仅只能窥探到大自然的一小部分律。律之多之大，超越了生命智能的认知。因此，律的算法 A_{nl} 为无穷大。

律作用的无时延性，表明其计算速度（算速 S_{nl}）也是无穷大。不需要计算时间，就能给出计算的结果，从数学上来看，律的这种无时延性背后是无穷大的算速支撑。比如，重力让失足者立即下坠，不会有任何延时，表明重力律具有无穷大的计算速度。

因此，我们可以得出结论：律的算法与算速皆为无穷大。

---

① 离开百度、微软的大牛都去哪了？全面解读世界 AI 巨头人才流向图，https://mp.weixin.qq.com/s/gh12-Z6XUr3dcNyCQcXbxg，大数据 / 学术头条，2019 年 11 月 26 日。

$$E_{nl} = A_{nl} \times S_{nl} = \infty \tag{7}$$

因律本身不会衰减，即 $\tau = 1$，综上，律的算力为无穷大。

$$C_{nl} = E_{nl} \times \Phi_{nl} \times \tau = \infty \tag{8}$$

与之不同的是，人或组织的算力总是有限的。如果人们违反律，相当于将人与律摆到了同一擂台上，结果可想而知。

但正因为人或组织的算力有限，所以，违反律的行为总是存在的，而这些行为也总是遭到律的即时"惩罚"。

在"信仰"一节中，提出了卓越安全文化的第一原则："人人敬畏安全"，其本质是要"人人敬畏律"，敬畏人与律之间巨大的、不可同日而语的算力鸿沟。

一个企业的安全生产管理算力（以下简称"安全力"）也可以使用公式进行计算，这是一个全新的课题，需要对公式中的每一个系数进行研究，暂且按下不表。

我们用算力计算公式对比一下英雄时代、协同时代、共生时代的企业安全力，看能得到什么结论。

3 个时代即为 3 个阶段，采用统一的公式来表达其安全力。

$$C_{si} = (L_{si} + H_{si} \times \sigma_{si})\omega_{si}\theta_{si}\tau_{si} \tag{9}$$

其中，s 代表安全（safety）；i=1,2,3，分别代表英雄时代、协同时代、共生时代 3 个阶段。比如，L_{s2} 表示协同时代的算法投入，ω_{s1} 为英雄时代的协同程度系数。

对于千人规模的企业，进行对比如下。

（1）L：算法投入

在人力资源上，对同一家企业来说，3 个时代的费用投入基本相当。但在除人力资源投入以外的算法投入上，如信息系统、规程、盾形图等管理体系等产生的费用，协同时代比英雄时代高了至少一个数量级。共生时代的算法投入基本都在智能系统之中，费用与协同时代相当。因此可知

$$L_{s1} < L_{s2} \approx L_{s3} \tag{10}$$

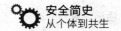

（2）$H\sigma$：硬件投入与硬件算力承载系数

相比于服务器、GPU、云等计算硬件，其他硬件设施的算力承载系数极低，在对比时可以忽略不计。在计算硬件上，英雄时代低于协同时代，协同时代低于共生时代。

$$H_{s1}\sigma_{s1} < H_{s2}\sigma_{s2} < H_{s3}\sigma_{s3} \tag{11}$$

（3）ω：协同程度系数

协同是为了提升总体决策效率，协同程度是指个体、组织、系统之间协同的情况，从决策效率上可以粗略对比出 3 个时代的协同程度系数量级。以规程更新为例，英雄时代的规程更新决策，平均情况是 1 年进行一次，协同时代平均是 3 天，而共生时代是在线进行，秒级。

$$\omega_{s3} \approx 2\times10^{5}\omega_{s2} \approx 2\times10^{7}\omega_{s1} \tag{12}$$

（4）θ：在线程度系数

在线程度是指数据采集与在线处理的效果与效率。单从数据量大小即可略知一二：英雄时代企业每年的安全生产管理相关的数据量在 GB[①] 级别，有少数企业能到 TB 级别，协同时代仍旧处于 TB 级别。

当企业进入共生时代时，为了实现万物在线互联，包括 AI 摄像头、传感器、穿戴式设备、智能平板、机器人、智能设备等智能化终端的数量将陡然上升，如果采用 5G 技术，数据传输的带宽也同步迅速增加，生产企业的年数据量规模将可能达到 PB 级别。

所以，3 个时代的在线程度系数相对关系为

$$\theta_{s3} \approx 10^{1\sim3}\theta_{s2} \approx 10^{3\sim6}\theta_{s1} \tag{13}$$

（5）τ：时间衰减函数

如果不在人力资源上持续投入资金，专业人士就会离去，积累的算力就会衰减；如果不花费资金对软件与硬件进行维护，系统与设备将逐渐失效，已

---

① GB 是信息量的单位，1 GB = 8 589 934 592 bit。bit（比特）是二进制单位（binary unit）或二进制数字（binary digit）的缩写。8 个 bit 组成一个 Byte（字节），1Byte = 8 bit；1 KB = 1024 Bytes；1 MB = 1024 KB；1 GB = 1024 MB；1 TB = 1024 GB；1 PB = 1024 TB；1 EB = 1024 PB；1 ZB = 1024 EB；1 YB = 1024 ZB。

有的算力也会衰减。如果不考虑信息不对称，即认为每个企业都在使用最优算法与最高算速的人与设备，则这种衰减就只与时间相关，3 个时代的时间衰减函数基本一致。

$$\tau_{s3} \approx \tau_{s2} \approx \tau_{s1} \tag{14}$$

以上分析可以看出，安全力的主要区别在于协同程度系数 ω 与在线程度系数 θ，在不同时代，$\omega\theta$ 的乘积（转化系数 $\varPhi$）相差可达 10^6 以上的倍数。相比之下，$E = L + H \times \sigma$ 所代表的算法与算速费用投入相差就没有那么显著。不过，算法与算速投入却是引起转化系数 $\varPhi$ 巨大差异的重要原因。

从英雄时代跨入协同时代，欧依核电站靠的正是持续改进的系列算法，即"协同时代的算法"。尽管在算法成本投入上只比同等规模企业略多，但由此形成的转化系数 $\varPhi$ 却要大得多。

换句话说，在成本投入相差不大的情况下，是算法认知的高低使结果产生了巨大的差异。

在 2020 年的中国，大部分生产企业还处于英雄时代，一旦通过新基建智能化转型跨入共生时代，单从转化系数 $\varPhi$ 来看，都会带来至少 10^{11} 倍算力的跃升，并最终体现在安全生产管理水平的跃升，以及企业绩效水平的跃升。除此之外，转化系数 $\varPhi$ 的跃升还代表了长期竞争力的跃升——这可谓四两拨千斤之举。

恰逢 2020 庚子年春节，正值"新冠"肆虐神州，疫情凶猛，武汉危急，各地纷纷拉响一级警报，生命安全成为全民聚焦的主题词！

在此背景下，《安全简史：从个体到共生》的杀青付梓正当其时，该书虽立足工业生产领域，但其中安全管理的理论、工具体系，却可供各行各业参考借鉴，可有效提升各类组织系统性安全能力！

犹记月余前拿到手稿，初读便不忍释手，如获甘霖。该书在作者十余年核电安全管理实践基础上，叠加数年安全管理智能化创业过程中的心得体会，历经无数日夜的伏案疾书，终于得以出版。书中内容集理论高度、案例故事性、工具实用性、技术前瞻性于一体，既科学严谨又通俗易懂，无论是安全生产负责人抑或是安全生产管理者，都能够从中刷新管理认知，获取指导实践工作的实用知识与工具。

以史为镜，可以知兴替！基于中国安全生产管理一线的历史变迁，该书首次尝试对安全生产管理发展历史的重要阶段进行系统性总结，并以此为主线，深入剖析各个阶段的特点以及实践过程中的优秀经验和存在问题，是众多安全管理著作中讲述安全管理历史简写的开先河之作。

　　《安全简史：从个体到共生》将安全管理的历史阶段分为个体时代、协同时代和共生时代，每个时代都对应其本质特征，如个体时代的"人治"，协同时代的"活性组织"，共生时代的"在线知识世界"。这样的阶段定义并不是一般意义的时间划分，在当今的安全生产管理实践中，许多组织可能同时存在两个或三个阶段的特征。读者以该书为蓝本，能够对标梳理自身组织所处的安全管理历史阶段，取长补短，真正促进企业本质安全提升，优化组织安全管理绩效！

　　书中严格遵循真实性第一原则，案例或为欧依安盾团队的创业实践，或为作者多年核电安全生产管理的一线经历，跨界融合大量心理学、组织行为学、管理学等学科的经典理论模型。本书通过讲故事、做实验的方式，将经典人因安全理论、工具、方法体系娓娓道来，集趣味性与工具实用性于一体，能指导安全管理人员改善迭代现有管理制度、流程，也适合全员学习，通过对大量案例的研读与体悟，增强自身安全意识，提高安全防范能力，减少人因失误事故，有效提升安全生产管理绩效。

　　从凭经验、靠个体应对的个体时代，到建设组织能力的协同时代，再到跨界融合人工智能的共生时代，该书不仅是对当前安全生产管理的思考与沉淀，更是对未来安全管理发展方向的一次致敬与探索。该书将智能化技术应用到安全生产管理进行了建模与量化分析，实现了人工智能与先进安全管理理论、工具体系的完美融合，对中国工业领域安全生产管理实现智能化跨越式发展提供了极具意义的借鉴蓝图。

　　受编写时间与精力所限，作者无法穷尽安全管理的各个方面，但该书从历史发展阶段的特性入手，为读者提供了一种进阶式的思维角度，帮助读者审视自身企业发展阶段，并由此思考，如何立足当下，将前沿智能化新技术与先进安全管理体系完美融合，真正拥抱安全管理的智能化大时代！

　　"凡救一人，即救全世界！"《安全简史：从个体到共生》的写作是作者自我与自我心灵的一次对话，也承载了作者所创立公司欧依安盾的创业使命："减少一起事故，挽救一个家庭！"如此初心下，这本浓缩着作者十余年思考的著

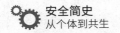
安全简史
从个体到共生

作，哪怕只为读者提供了一个好思路，一个好观点，一个好工具，能够切实减少一次事故，也就不枉作者不舍昼夜，伏案疾书的这段生命时光了！

——欧依安盾 CEO　吴巍

打开《安全简史：从个体到共生》一书电子文稿，刚阅读一下内容简介和目录，我就被深深地打动了。该书写作风格完全不同于以往的安全类丛书，作者运用富有时代气息的畅销书风格叙述枯燥的安全生产历程，让人耳目一新，也充分展示作者的专业和文采。该书把一百多年的安全生产历程归纳为个体时代、协同时代和共生时代三阶段，既生动形象又颇具概括性。

——中南大学　吴超　教授

智能协同，创造新的安全时代；智能协同，造就安全新辉煌；智能协同，安全变迁。

——中国矿业大学　傅贵　教授

知识进化指引着安全生产管理发展的方向——认识安全生产管理源动力的新视角、新观点。

——湖南工学院原院长　张力　教授

汤凯先生在安全领域的探索精神和成果，值得我们重视。

——世界核电运营者协会上海中心　戚屯锋　副局长

汤老师站在整个人类社会发展的高度，用历史的观点、辩证的思维、发展的眼光研究安全生产发展的内在逻辑，用知识世界的概念总领这一脉络，显得那么亲切与温情。

——新兴铸管股份　方杏科

世界的发展正处于一个历史性的拐点，人工智能大普及的时代马上到来，对于安全管理来说也是一样，随着5G技术的推广，云计算、边缘计算、端计

256

256

算一体化部署打造的智能化平台快速发展，安全管理智能化的时代马上就要到来。汤老师在《安全简史：从个体到共生》一书中对安全管理的发展做了精彩的讲述，让我们和汤老师一起迎接这即将到来的安全智能化的时代吧。

——新兴铸管武安工业区　武永强

这是一部在安全生产领域我唯一见到的能与这个时代同呼吸的作品。从人类史的宏观角度观察，总结提出令我惊叹又极度认同的知识驱动观点。由此，我相信汤老师的这部书定能引发读者安全观的深刻变革。

——新兴铸管武安工业区　温智慧

汤凯先生的经历帮助他对传统行业、全球核电、智能技术进行了深入的体悟，并因此能跳出思维惯性梳理出令人豁然开朗的逻辑脉络。在工业安全生产智能化时代到来之际，无论你是一线员工还是企业高管，都应该积极拥抱"在线"、提升"知识"，在已经开始的趋势演变中占据先机。

——福清核电　陈路标

从事核电生产管理数十载，经历过管理变革的认知交锋，但从未意识到这是知识进化带来时代演进的必然过程。汤凯先生认为核电安全生产管理已进入协同时代，指出协同机制要以活性组织和共同信仰为基础，此发现令人茅塞顿开；而对活性组织三要素，即信息知识化、文件知识化与行为知识化的论述，更令人拍案叫绝。

——海阳核电　郭宏恩

如果是知识和技术开启了共生时代，那么安全就是未来时代的基石！通过个体时代、协同时代和共生时代持续积累的协同在线知识化能力，指引着生产管理走向统一的安全文化信仰，实现持续的协同绩效改进，并促成领导力的全新发展。

——秦山核电　方幼君

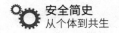

随着 20 世纪 60 年代核电的高速发展，核安全管理理念也不断得到发展和成熟，其中不少理念如纵深防御等又促进了常规安全理念的革新，甚至深刻影响了质量管理理念的发展。作者在核电从业十多年，对安全自然有深刻的认识，难能可贵的是，该书不是对安全的简单总结，而是新颖地提出了"知识世界"的概念，认为"知识进化"是时代变迁的内在逻辑与原动力，从而发现了中国安全管理从个体时代快速跨向共生时代的可能，让人耳目一新，深受启发。

——中广核铀业　胡彦令

核电界能形成超越政治的安全文化信仰，源自于给人类带来多次灾难的核事故所催生的卓越核安全文化标准。汤凯先生将它修订成为可供各行各业参考借鉴的普适价值，并传播四方，这一做法可能挽救无数的生命与家庭，值得称颂。

——三门核电　王吉华

安全的发展史就是管理的迭代史。《安全简史：从个体到共生》跨越历史的时空，让不同的读者，都可以找到自己的方位，并从中受益。

——华润电力　万井江

汤凯先生从广阔的时空视角俯瞰了安全管理的发展历史，合乎逻辑地阐述了安全发展的演变过程，尤其是人工智能时代的安全管理理念，值得学习与推广。

——北京建工　朱进军

疫情之下，时代更替的钟声加速敲响，企业管理思维也需要同步跟进。如何主动变革当下的管理？未来的生产是什么样的图景？竞争力的核心要义又是什么？《安全简史：从个体到共生》给出了明确的答案。

——浙能集团　张基标

《重新定义安全》转变我的安全观，《安全简史：从个体到共生》带我游历安全进阶。

——浙能电力股份　刘文新

个体时代的分析戳中泪点，协同时代的方法值得借鉴，共生时代的生态令人期待。《安全简史：从个体到共生》是一本令人爱不释手的读物，既有学术价值，又有实践意义。

——清华大学　刘红老师　博士

将核安全文化理念、方法论与智能技术结合，或将快速推动各行各业安全水平系统性升级，这样的共生时代值得期待。

——上海核工院　詹文辉

该书视角令人耳目一新，用知识世界的概念透视文明演进的历史进程，从而指明安全生产管理的发展方向，很值得一读。

——宁波中车新能源公司 / 宁波大学　阮殿波　博士 / 教授

该书体现了作者对安全生产管理的高维理解，也展现了作者对事物演化进程的深入思考，相信能给世人带来不小的启发。

——上海翎沃电子科技　汪园丽

协同和在线提升知识化能力使用，信仰和仪式减小知识化能力消耗，知识既是资源，又是目的。

——北京微焓科技　连红奎

在全面冷启动和完全没有预案的情况下，只花费了极短的时间，中国就实现了一场史诗级的动员与战略物资配置，将大规模暴发的新冠疫情基本控制住，靠的正是个体、协同和在线这三个要素。为此书独特透彻的视角点赞。

——长江存储科技　蒋阳波

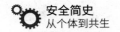

"用建筑承载生命，让空间服务人。"建筑设计的始终，脱不开生命对自由的向往。生命和人，令建筑师心怀敬畏。《安全简史：从个体到共生》看似在写"安全"，实则是在关注生命、关注人。推荐建筑师们深入阅读该书，用敬畏之心关爱那些将要与你手中的作品发生关联的所有生命。

——中国建筑设计研究院　张军英

用生动、简明的语言，写出复杂、枯燥的知识；
用宏观、系统的思考，揭露渐进、变革的历史；
用深沉、真挚的情感，传递求仁、求真的信仰。

——深圳市城市规划设计研究院　俞露

透视人性是该书的一大亮点，管理者都应该熟读该书，深入书中的实验，感受自己的系统 1、系统 2 与系统 3。

——中冶建筑研究总院　李晓东

感恩读到该书，它将为我们企业的转型升级节省巨额的折腾成本与不可估计的时间成本。

——江苏鑫华半导体　田新

人类依靠知识化能力从生物界崛起，随着知识进化相继发展出农业文明、工业文明、信息文明，在知识进化速度大幅度加快的时代背景下，安全管理的演化进程也将加速发生。相信《安全简史：从个体到共生》为业界提出了正确的指引，期待安全共生时代快速全面到来。

——清华大学　张鹏

安全智能化积累了时代之势、跨越了行业之别、点中了用户之心，是 AI 切入工业领域的理想入口。

——百度　马如悦

读完该书，就知道该如何积极拥抱"新基建"，为何要拥抱"新基建"！

——腾讯　边超

《安全简史：从个体到共生》清晰地描绘了安全生产管理的发展脉络，为广大工业企业指明了努力的方向。在这时代跨越之际，该书横空出世，恰逢其时。

——中盐金坛盐化股份　王国华

人类文明的发展其实就是知识化能力的不断提升及其在更多维度上进行协同的过程。了解了这一点，就知道如何立于不败之地。

——好未来教育　黄琰

历史始终与穿透者同行——该书穿透了安全管理，越早读到越有价值。

——深圳爱仕特科技　杨良

新型基础设施建设将进一步加速中国进入共生时代的跨越之势，工业安全生产领域将是其主要阵地。《安全简史：从个体到共生》的出版，对这一轮新基建的推进有积极意义。

——中国移动　王昀

"任何商品都承载着知识，商品交易的背后或许是知识化能力的等价交易。"这是作者与我交流该书时提出的观点。我认为这一观点或将对安全产品的价值、如何定价等方面的研究，带来全新的角度和思路。该书引人深思，推荐阅读。

——武岳峰资本　李峰　博士

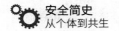

英雄、协同、在线智能，代表三个不同的时代，也代表了共生时代的三个特点。《安全简史：从个体到共生》指出，只有考虑了协同算法的智能技术，才不会辜负产业英雄。这一点值得智能技术公司认真对待。

——太极计算机　刘淮松

该书虽然讲的是安全生产，但内在逻辑适用于各行各业。从书中的逻辑来看，汽车将不再只是代步工具，而是会成为继手机之后最普及的在线移动终端。

——联创汽车电子　芦勇

《安全简史：从个体到共生》是生产企业管理者不可不读的一部作品，它揭示了传统安全生产管理可歌可泣但又可悲可叹的局面，指出了令人鼓舞的发展方向，并给出了具体方法。

——深圳市银宝山新科技股份　胡作寰

初识该书，被书中大量的心理学实验所吸引，再深入研读，直感力量喷薄而出，令人心潮澎湃。这是作者十多年研究之大成，维度高、思考深、跨度广，任何企业管理者都可一读。

——法国威立雅水务　肖磊

在普通人的英雄世界里应用 AI，帮助英雄们减少失误、提升效率，这件事情值得一直做下去。而《安全简史：从个体到共生》这本书给出了明确的方向，值得研究。

——快手　宿华

这个时代比的不再是人和物移动的速度，而是知识的丰富程度和流转效率带来的综合竞争力。推荐大家阅读此书，了解书中的逻辑，对迎接未来的挑战具有重要意义。

——中航工业　孙智孝

工业领域是 AI 落地的一片蓝海，安全切入，扬帆起航，从此海阔凭鱼跃、天高任鸟飞。

——腾讯高级架构师　蔡畅奇

《安全简史：从个体到共生》将安全的历史进程分为三个时代，并指出知识进化的内在逻辑，随着人工智能产业的发展，智能化的安全时代将要到来，让世间少一些事故、多一些幸福。

——微众银行高级研究员　唐兴兴

人类安全观萌生、演化的过程，是人类文明发展史的重要组成部分。作者依据系统的归纳梳理和扎实的实践探索，从独特的视角对这一过程进行了解读，并紧紧结合共生时代的要求，对安全管理领域的发展趋势进行了探讨，让人有一种开卷有益、掩卷深思的感觉。

——克瑞国际　史宁

企业生存发展最离不开的是人，核心要素也是人，倘若不去重视对员工的关怀，给予充分的保障，就会产生不可预料的后果和潜在的危机风险。读《安全简史：从个体到共生》，明此义。

——新兴铸管武安工业区　张静伟

"问渠哪得清如许，为有源头活水来。"汤老师的第一部力作——《重新定义安全》让我对安全及其管理的认知有了很大幅度的升级，甚至迭代，正犹如这第二部《安全简史：从个体到共生》里讲的知识化能力进化。从个体时代的个人能力到协同时代的组织能力，再到现如今人、智能、知识共生所形成的在线知识化能力。从表面上看，是时代进步产生了知识提升、技术进步，但事实上，是知识进化的内在需求推动了时代的更替。知识进化指引着安全生产管理发展的方向，它既是原动力又是终极意义。这就是这部《安全简史：从个体到共生》给安全生产领域带来的巨大意义。

——中国海洋石油集团　金通

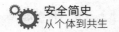
《安全简史：从个体到共生》带我们探索安全新视角，值得细品。

——中石油广培中心　肖斌涛

汤老师的这本书从更高的维度梳理了安全管理的进化与发展。安全管理的共生时代即将到来，如何做好准备？先从读《安全简史：从个体到共生》开始吧。

——曹贤龙

人类社会从机械时代到电气时代再到生物科技时代，每一次革命都让历史跨出一大步。5G、大数据、云计算的广泛应用彻底降低了知识进化的"门槛"，相信后疫情时期，当更多新技术得到应用，会迎来安全发展的"芳华时代"。汤老师的《安全简史：从个体到共生》作为新时代的推手和驱动器，将进一步加速这个过程。

——王悦

幸遇该书，爱不释手，废寝忘食，只因该书高屋建瓴，出类拔萃，引人入胜。《安全简史：从个体到共生》犹如灯塔之明灯，将一路指引。安全之路，邀您携手同行。

——欧依安盾　金益

后疫情时代是爱的时代，也是智能的时代。《安全简史：从个体到共生》将爱与智能完美"协同"起来，这或许是共生时代人类新的幸福。

——欧依安盾　罗小华

《安全简史：从个体到共生》语言诙谐，亮点甚多，道破了当前安全管理的困境，指明了未来转型升级的方向。该书越看越有意思，越看越有启发，强烈推荐。

——欧依安盾　曾一鑫

　　安全像空气一样重要，但又像空气一样被人忽略，所以发生了很多惨痛的事故。我们一起用点点滴滴的努力，让这样惨痛的历史一去不复返！

——欧依安盾　宋健

　　《安全简史：从个体到共生》以实验开篇，以知识为轴，论证了大脑三大思维系统的存在，进而指出组织三大系统的特征，令许多人生问题和管理难题豁然得解。

——欧依安盾　屈耀浚